KB023463

알기 쉬운 미적분

실바누스 P. 톰슨 지음

홍성윤 옮김

전파과학사

저자 서문

미적분은 어려운 것이 아니다. 많은 바보들이 미적분을 하고 있는데, 그렇지 못한 또 다른 바보들이 미적분을 배우는 것이 어렵고 싫증이 난다고 생각한다면 이것은 잘못된 이야기다.

어떤 미적분은 아주 쉽고, 어떤 것은 매우 어렵다. 그러나 고등 수학 교과서를 집필해 내는 바보들도 -그들은 대부분이 총명한 바보들이지만- 쉬운 미적분은 과연 얼마나 쉽게 배울 수 있는지를 가르쳐 주려고 하지 않는다. 반대로 이들은 쉬운 계산일지라도 굉장히 난해한 방법으로 풀어서 그들의 머리가 대단히 명석하다는 것만을 과시하려 하는 것 같다.

나는 매우 우둔한 사람이라서 그렇게 난해한 것을 배울 수가 없었으며, 나와 같은 우둔한 많은 바보들에게 미적분이 쉽다는 것을 가르쳐 주고자 한다. 이것들을 완전하게 배우면 나머지 어려운 것들도 이해하게 될 것이다. 한 바보가 할 수 있는 것은 다른 바보도 할 수가 있는 것이다!

기호로 쓰이는 그리스 문자

A	α	Alpha	알파	N	ν	Nu	뉴
B	β	Beta	베에타	Ξ	ξ	Xi	크사이
Γ	γ	Gamma	감마	O	o	Omicron	오미크론
Δ	δ	Delta	델타	Π	π	Pi	파이
E	ε	Eosilon	엡실론	P	ρ	Rho	로우
Z	ζ	Zeta	제에타	Σ	σ, ς	Sigma	시그마
H	η	Eta	에에타	T	τ	Tau	타우
Θ	θ	Theta	시이타	Y	υ	Upsilon	입실론
I	ι	Iota	이오타	Φ	φ	Phi	피이
K	κ	Kappa	카파	X	χ	Chi	카이
Λ	λ	Lambda	람다	Ψ	ψ	Psi	프사이
M	μ	Mu	뮤	Ω	ω	Omega	오메가

차 례

저자 서문

1. 미적분에 대한 공포감으로부터 해방 ·················· 7

2. 크기가 다른 작은 것들의 비교 ····················· 9

3. 상대적인 크기의 변화 ··························· 15

4. 간단한 미분의 예 ····························· 23

5. 상수의 처리 ······························· 31

6. 더하기, 빼기, 곱하기, 나누기 ····················· 42

7. 연속 미분 ································· 58

8. 시간에 대한 변화 ···························· 63

9. 변형시켜 푸는 법 ···························· 79

10. 미분의 기하학적 의무 ························· 89

11. 극대와 극소 ······························ 104

12. 기울기의 변화 ···························· 123

13. 또 달리 변형시켜 푸는 법 ····················· 132

14. 복리의 계산과 생물체의 성장 ···················· 146

15. 삼각함수의 미분 ·························· 177

16. 편미분 ······························· 189

17. 적분 ································· 197

18. 미분의 역과정으로서의 적분 ··················· 206

19. 적분에 의한 면적의 계산 ····················· 220

20. 교묘한 방법, 함정 그리고 문제풀이 - 승리 ··········· 241

21. 미분방정식의 풀이 ························· 251

22. 곡률 ································· 269

23. 곡선의 길이 계산 ·································· 287

저자 후기 ·································· 304

미적분표 ·································· 306

연습문제 해답 ·································· 308

역자 후기 ·································· 327

찾아보기 ·································· 329

1

미적분에 대한
공포감으로부터 해방

처음으로 미적분을 접하는 사람들은 대부분의 경우 미적분에 대하여 처음부터 공포감을 갖게 된다. 그러나 미적분을 표기할 때 사용되는 두 개의 주요한 기호의 일반 상식적인 의미를 알면 일단 공포감은 없어진다. 공포감을 주는 이 두 개의 기호는 첫째 d라를 기호인데, 이것은 「어떠한 것의 아주 작은 부분(a little bit of)」이라는 것을 뜻하는 기호이다. 그러므로 dx라는 것은 x의 아주 작은 부분(微分)을 의미하며, du라는 것은 u의 아주 작은 부분을 의미한다. 그리고 이러한 아주 작은 부분이라는 것은 무한히 작은 것이라는 것을 알게 될 것이다. 다음은 둘째로 $\int$이라는 기호인데 이것은 S자를 길게 늘여서 표시한 것에 불과하며 「어떠한 것의 합(the sum of)」이라는 의미를 뜻하는 기호이다.

그러므로 $\int dx$라는 기호는 x의 아주 작은 부분(분량)을 모두 합한 것을 의미한다. 또 $\int dt$는 t의 아주 작은 부분(양)을 모두 합한 것을 의미한다. 수학자들은 이 $\int$기호를 적분(積分)기호라 하며 「어떠한 것의 적분(the integral of)」이라고 부른다. 자 그러면 이제는 어떤 바보라 할지라도 x는 dx라고 하는 x의 아주 작은 미분들로 되어 있는 것이며, 이 작은 미분(dx)들을 한데 모아 더하면 모든 dx의 합을 얻게 된다는 것을 알았을 것이다(즉 이것은 x의 전체와 동일한 것이다). 그러므로 적분(integral)이라는 말은 전체(the whole)이라는 뜻이다. 만일 1시간이라는 기간을 생각해 볼 때 1시간은 3,600개의 초라고 하는 아주 짧은 시간의 미분으로 잘라서 생각할 수 있다. 그리고 3,600개의 짧은 시간을 전부 한데 모아 합친 그 전체는 즉 1시간이 되는 것이다.

그러면 이제부터 공포감을 주는 이 $\int$ 기호로써 시작하는 수학적인 표현에 대하여 이야기해 보면 $\int$은 그 다음에 오는 어떤 것의 작게 잘려진 부분(미분)들 모두 합하게 되는 것이라는 의미가 있다는 것만을 알면 된다. 그것이 $\int$ 이라는 기호를 뜻하는 전부이며 그 이외에는 아무런 의미가 없는 것이다.

2

크기가 다른
작은 것들의 비교

수학적 계산에 있어서 우리는 여러 등급의 작은 부분(분량)들을 다루게 된다. 어떤 경우에는 우리가 다루는 작은 부분(분량)이 매우 작은 것이라서 그것은 아주 무시해 버릴 수도 있으며 모든 것은 상대적인 작음(크기)의 정도에 따라서 좌우된다.

이에 관하여 어떤 법칙을 세우기 전에 몇 가지 쉬운 경우를 생각해 보자. 1시간에는 60분이 있고, 하루에는 24시간이 있으며, 1주일에는 7일이 있다. 그러므로 하루에는 1,440분이 있으며 한 주에는 10,080분이 있다.

1분은 1주일에 비하면 정말로 아주 짧은 기간이다. 그리고 우리의 조상들은 1시간에 비하여 1분은 짧은 기간이라고 생각하여 1시간의 아주 짧은 기간(즉, 60분의 1)을 의미하는 분(分, minutes)이라고 부르게 된 것이다. 이것을 더 짧은 시간으로 나눌 필요가 있으면, 1분을 또 60등분하여 엘리자베스 1세 때에는 이것을 분초(分秒, second minutes)라고 불렀다. 요즈음 우리는 1시간을 60등분 한 분을 다시 60등분한 짧은 시간, 즉 두 번에 걸쳐 짧게 나눈 것을 분초라 하지 않고 그냥 쉽게 초(秒, second)라고 하는 것이다. 그러나 왜 이렇게 불리는지 아는 사람은 거의 아무도 없다.

자 그러면 하루라는 기간에 비해서 1분이 짧은 기간이라면 1초
는 하루에 비해 볼 때 얼마나 더 짧은 기간인가? 다음의 예로 영
국의 화폐에 대하여 생각해 보자. 1파운드 금화에 비해 1파딩
(farthing, 1/4페니)을 생각해 보면 1파딩은 단지 1파운드 금화의
1/1,000보다 약간 많은 화폐가치밖에 안 되며, 아주 작은 양으로
생각할 수 있다. 그러나 1파딩을 1,000파운드에 비교해 보면 1파
운드에 비교했던 1/1,000보다도 훨씬 가치가 작다. 그리고 1파운
드 금화도 한 백만장자가 가지고 있는 재산에 비하면 상대적으로
너무나 적은 돈이라서 무시해도 좋을 것이다.

그러면 이제부터 상대적으로 작다고 부를 수 있는 비교적인 작
은 분량들을 나타내는 분수(分數)들을 생각해 보면 한층 쉽게 더
작은 분량들을 만할 수 있다. 만일 시간을 예로 든다면 1/60은 1
시간의 짧은 기간이며, 1/60의 1/60(짧은 기간을 또 짧은 기간으
로 구분한 것)은 짧은 기간(즉 1시간)을 두 번이나 60등분 했다는
말이다.

1%(즉 1/100)를 아주 작은 분량으로 생각해 보면, 1%의 1%,
즉 1/10,000은 어떤 분량을 100등분하고 그것의 하나를 다시
100등분한 것이 된다. 마지막으로 좀 구체적으로 1/1,000,000이
작은 분량이라는 예를 들어 보자. 만약 아주 좋은 시계가 있는데
이 시계가 1년에 1/2분, 즉 30초 이상 늦거나 빠르지 않다고 하
면 이 시계는 1/1,051,200의 정확도를 가지고 있는 시계이다. 또
1/1,000,000이 작은 분량이라 할 때 1/1,000,000의 1/1,000,000
즉 1/1,000,000,000,000은 아주 작은 분량이어서 상대적으로 보
면 완전히 무시해 버릴 수 있는 것이다.

이와 같이 어떤 분량의 작은 분량 자체가 작으면 작을수록, 그
작은 것을 다시 등분한 작은 부분에 상당하는 작은 분량은 한층

더 작은 것이 되어서 쉽게 무시해 버릴 수가 있다. 그러므로 어떤 경우에든지 첫 번째 등분한 어떤 분량을 작게 잡기만 하면, 그것을 재차 혹은 3차로 등분한 작은 분량은 무시할 수가 있다는 것을 알 수 있을 것이다. 그러나 이 작은 분량이 어떤 양에 곱해지는 요소가 되고 또한 이 곱해지는 어떤 양 자체가 매우 큰 분량의 것이라면 이 작은 분량은 매우 중요한 의미를 갖게 된다는 것을 유의해야 된다. 1파딩이라 할지라도 이것에 100을 곱한다고 하면 큰 금액이 된다.

미적분에 있어서 dx는 x의 작은 분량이라는 것을 의미한다. dx, du, dy 같은 것들을 「미분치」(differentials)들이라고 부르며, 그것들은 각각 x의 미분치, u의 미분치, y의 미분치들이다(그리고 그것들을 디-엑쓰, 디-유, 디-와이라고 읽는다). 만일 dx가 x의 작은 분량이며 비교적 그것이 작다고 할지라도 $x \cdot dx$나 $x^2 \cdot dx$ 혹은 $a^x \cdot dx$가 무시할 수 있을 만큼 작다고 할 수는 없다. 그렇지만 $dx \times dx$는 작은 분량을 재차 등분한 것이기 때문에 무시해 버릴 만큼 작은 것이 된다. 아주 간단한 예를 들어 설명해 보자.

x를 어떤 양으로 잡고 그 x는 작은 분량씩 불어나서 $x+dx$가 된다고 생각해 보면 여기에서 dx는 불어남에 의해 첨가되는 작은 분량을 의미한다. 이 $x+dx$를 제곱하면 $(x+dx)^2$ 즉 $x^2 + 2x \cdot dx + (dx)^2$ 된다. 이 때 $2x \cdot dx$는 어떤 분량을 처음으로 등분한 분량이므로 무시할 수 없다. 그러나 $(dx)^2$은 x의 작은 분량을 작은 분량으로서 재차 등분한 것이다. 그러므로 만일 dx를 숫자적으로 x의 1/60이라 한다면 $2x \cdot dx$는 x^2의 2/60가 되며 $(dx)^2$은 x^2의 1/3,600이 된다. 이 때 $(dx)^2$은 $2x \cdot dx$에 비하면 별로 중요하지가 않다. 만일 dx를 1/1,000이라고 한다면 $2x \cdot dx$는

x^2의 2/1,000가 되며 $(dx)^2$는 단지 x^2의 1/1,000,000 밖에 되지 않는다.

이것은 다음과 같이 기하학적으로 그려 볼 수 있다. 한 변이 x인 정사각형 〈그림 1〉을 그려보자.

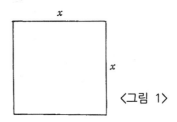

〈그림 1〉

이 정사각형의 맞닿은 두 변이 각각 dx만큼씩 커진다고 생각해 보면 이 커진 사각형은 넓이가 x^2이 되는 본래의 사각형과 위와 오른편에 넓이가 $x \cdot dx$되는 직사각형을 각각 갖게 되며(모두 합쳐 $2x \cdot dx$) 또한 위의 오른쪽 귀퉁이에 넓이가 $(dx)^2$이 되는 작은 정사각형으로 된다. 〈그림 2〉에서 dx를 x의 1/5되는 만큼 잡았다. 그러나 dx를 가는 펜으로 그은 선과 같은 넓이가 되는 x의 1/100에 해당하도록 잡는다면 귀퉁이에 생기는 작은 정사각형은 그 넓이가 x^2의 1/10,000밖에 되지 않는다〈그림 3〉.

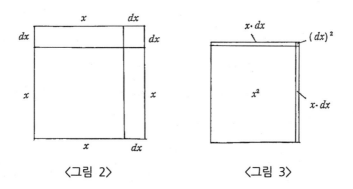

〈그림 2〉   〈그림 3〉

비유를 하나 들어 보자.

돈 많은 재벌이 그의 비서에게 그 재벌이 일주일 간 버는 돈의 1/100을 주급으로 주기로 했다고 해 보자. 그리고 그 비서는 그의 아들에게 아버지가 버는 돈의 1/100을 주기로 했을 때, 그 재벌의 총 수입이 일주일에 100만원이라고 가정하면 비서는 만원을 받게 되고 비서의 아들은 아버지로부터 100원을 받게 된다. 만원은 100만원에 비해 볼 때 적은 액수의 금액이다. 그러나 100원이라는 돈은 100만원에 비하면 정말로 적은 금액이 된다. 1/100을 받지 않고 만일 각각 1/1,000을 받기로 등분율을 정했다면, 비서는 1,000원을 그리고 그의 아들은 단지 1원밖에 못 받게 된다는 계산이 된다.

스위프트의 재미있는 시에 이러한 구절이 있다.

"그래서 과학자들은 관찰한다네,
한 마리의 벼룩을.
그놈은 제 자신을 먹고 사는
보다 더 작은 벼룩을 지니고 있다네.
그리고 이놈들은 이놈들을 먹고 사는
더 작은 벼룩들을 지니고 있으며
이것은 끝없이 되풀이 된다네."

1) "So, Nat'ralists observe, a Flea
"Hath smaller Fleas that on him prey.
"And these have smaller Fleas to bite'em.
"And so proceed ad infinitum."

---

1) 『On Poetry』 a Rapsody(p.20) (Dean Swift, 1733)

2)

소는 소에 붙어사는 벼룩에는 신경을 쓴다. 이것은 벼룩이 소에 대하여 첫 단계의 작은 것이기 때문이다. 그러나 소는 그 벼룩에 기생하는 기생충에는 신경을 쓰지 않는다. 왜냐하면 그 기생충은 소에게 있어서의 둘째 단계의 작은 것이기 때문이다. 무시할 수 있을 만큼 작기 때문이다.

---

2) In 『Who's Who among the Protozoa』 (Robert Hegner, 1938)

3
상대적인 크기의 변화

미적분을 배우는 모든 과정에서 우리는 변하고 있는 어떤 양들과 또한 그것들의 변화율을 다루게 된다. 이 어떤 양이라는 것을 크게 둘로 나누어 볼 수 있는데 이것은 상수(常數, constant)와 변수(變數, variable)이다. 정해진 값을 가지는 것을 상수라 하는데 이것들을 알파벳의 처음 자들인 a, b 혹은 때에 따라서 c로 표시한다. 이와는 달리 그 크기가 변하는 것들은 변수라 하며 알파벳의 끝머리 자들인 x, y, z, u, v, w 혹은 때에 따라서 t로 표시한다.

우리는 흔히 한 번에 한 개 이상의 변수를 다루게 되는데, 그것은 어떤 한 변수의 변화가 다른 변수의 변화에 좌우되는 경우이다. 예를 들면 발사된 로켓의 높이는 발사된 후 경과된 시간에 좌우되는 것과 같다. 또 다른 예를 들면 넓이가 일정한 직사각형을 생각해 볼 때 한 변의 길이가 길어지면 다른 한 변의 길이는 어쩔 수 없이 짧아진다. 또 벽에다 비스듬히 세워 놓은 사다리를 생각해 보면 사다리의 경사도는 사다리가 벽에 닿는 높이를 변하게 한다.

이렇게 상호 영향을 주는 두 개의 변수를 생각해 보자. 이들은 상호 의존함으로 어떤 한 변수의 변화는 다른 변수의 변화를 초래한다. 그러므로 x가 변해 $x+dx$로 변하게 되면 x가 변했으므로

y 역시 변하게 되며 y는 $y+dy$로 된다. 여기에서 dx, dy를 각각 x와 y의 증분(增分)이라 하며 dy라는 작은 증분은 증가하는 (+)일 수도 있고, 감소하는 (−)일 수도 있으며 또한 dy는 (특수한 경우를 제외하고는) dx와 같은 크기가 아니다.

두 가지의 예를 들어 보자.

(1) 〈그림 4〉와 같은 직각삼각형이 있다. x와 y를 각각 이 삼각형의 밑변과 높이라 하고 빗변의 경사 각도를 30로 고정해 놓았다. 만약 빗변의 경사 각도를 고정시켜 놓은 채로 이 삼각형을 크게 늘려 본다면, 밑변은 늘어나서 $x+dx$로 되면 높이는 $y+dy$로 된다. 여기서 볼 때 x가 증가되면 y가 증가되도록 했다. 오른쪽 위에 있는 작은 삼각형, 즉 밑변이 dx이며 높이가 dy인 삼각형은 본래의 삼각형과 닮은꼴이며, $\dfrac{dy}{dx}$값은 $\dfrac{y}{x}$의 값과 같다. 이때 경사도는 $30°$이므로 $\dfrac{dy}{dx}=1/1.73$이며 이 값은 $\tan 30°$의 값과 일치한다.

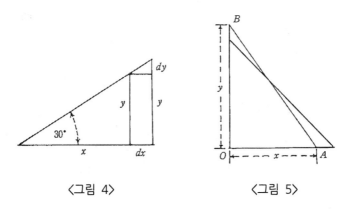

〈그림 4〉　　　　　　　〈그림 5〉

(2) 〈그림 5〉와 같이 길이가 AB인 사다리가 벽에 비스듬히 세워져 있을 때, 벽에서 사다리가 땅에 닿은 곳까지의 길이를 x

(OA)라 하고 y(OB)를 사다리가 벽면에 닿은 높이라고 해 보자. 여기에서 보면 y의 변화는 x의 변화에 좌우된다. 사다리의 끝 A를 벽으로부터 약간 더 떨어지게 놓으면 벽에 닿은 사다리의 다른 쪽 끝 B는 약간 아래로 내려오게 된다. 이것을 수학적으로 표현해 보면 만일 x가 $x+dx$로 증가하면 y는 $y-dy$가 된다. 다시 말해서 x가 증가(+증가)하면 y는 감소(-증가)한다. 이러한 변화는 당연한 것이다. 그러나 과연 이들은 얼마나 변하는 것일까? 어떤 사다리의 경우 OA의 길이가 19인치이며, OB의 높이가 180인치라고 할 때 OA의 길이를 1인치 크게 해 주면 B의 위치는 전보다 얼마나 내려오게 될까? 이때 dx라고 할 수 있는 x의 증분은 1인치이며 또 $x+dx=20$인치가 된다.

이 때 y는 얼마나 줄어들까?

이 경우에 있어 줄어든 높이는 $y-dy$가 된다. 피타고라스의 정리(직각삼각형의 빗변의 제곱은 다른 두변을 각각 제곱하여 더한 것과 같다)에 의하여 dy가 얼마나 되는지 알 수 있다.

또한 사다리의 길이는 $\sqrt{(180)^2 + (19)^2} = 181$인치가 된다. 그리고 변화된 높이 $y-dy$는 다음과 같다.

$$(y-dy)^2 = (181)^2 - (20)^2 = 32{,}761 - 400 = 32{,}361$$
$$y-dy = \sqrt{32{,}361} = 179.89$$

여기에서 $y=180$이므로 $dy=180-179.89=0.11$인치가 된다. 그러므로 x를 1인치 증가되도록 했을 때 y는 0.11인치 감소하는 결과가 되었다.

그리고 dx에 대한 dy의 비율을 나타낼 수 있으며, 그러므로

$$\frac{dy}{dx} = -\frac{0.11}{1}$$

이렇게 볼 때 dy의 값은 (어떤 특수한 경우를 제외하고는) dx

의 값과는 다르다는 것을 쉽게 알 수가 있다.

앞으로 우리는 미분을 배우는 과정에서 dy와 dx가 모두 무한히 작은 것일 때 dy와 dx의 비(比)에 관한 흥미진진한 것들을 계속하여 알아가게 된다.

여기에서 강조해 줄 것은 x와 y가 어떤 식으로든지 서로 관계가 있어서, 즉 x가 변할 때 $\dfrac{dy}{dx}$의 비를 알아야 한다는 것이다. 첫째 예에서 본바와 같이 삼각형의 밑변 x가 변하면 y 역시 길어지며, 둘째 예에서 본 바와 같이 사다리의 땅에 닿은 끝이 벽으로부터 멀어지면 같은 양상으로 사다리가 벽에 닿은 높이도 줄어들게 된다. 이 경우에 있어서 높이는 처음에는 서서히 줄어들다가 x가 길어지면 길어질수록 점점 더 급속히 줄어들게 된다. 이 두 경우의 예에 있어서 x와 y의 관계는 완전히 명확한데, 수학적으로 표현하면 각각 $\dfrac{dy}{dx} = \tan 30°$와 $x^2 + y^2 = l^2$ (이때 l은 사다리의 길이)이며, $\dfrac{dy}{dx}$는 우리가 아는 바와 같은 변화량의 비를 나타낸다.

위의 경우와 같이 x를 벽에서 사다리의 끝이 땅에 닿은 끝까지의 거리로 잡고, 만약 y를 사다리의 높이로 잡지 않고, 벽의 길이라든지, 벽에 있는 벽돌의 수라든지, 그 벽이 몇 년 전에 쌓여졌는가 하는 지난 햇수 등으로 y를 잡는다면 x의 변화는 y의 어떤 변화에도 영향을 미칠 수가 없으며, 이러한 경우 $\dfrac{dy}{dx}$는 아무런 의미도 없게 된다. 그리고 그러한 관계를 표현한다는 것은 불가능하다.

dx, dy, dz와 같은 미분치들을 사용할 때는 언제나 x, y, z 사이에는 어떤 관계가 있다는 것을 의미하며, 그 관계를 x, y, z에 있

어서의 함수(函數, function)라고 한다. 위의 두 예에 있어서 $\frac{y}{x} = \tan 30°$와 $x^2 + y^2 = l^2$은 각각 x와 y의 함수들이다. 이러한 표현들은 y의 관점에서 본 x나 혹은 x의 관점에서 본 y를 의미한다는 것을(그런 관계를 명확하게 나타내고 있지는 않으나) 간접적으로 나타내고 있다. 이러한 이유 때문에 이것들은 x와 y의 음함수(陰函數, implicit functions)라고 한다. 또한 이것들은 다음과 같이 표시할 수도 있다. 즉,

$$y = x \tan 30° \text{ 혹은 } x = \frac{y}{\tan 30°}$$

$$y = \sqrt{l^2 - x^2} \text{ 혹은 } x = \sqrt{l^2 - y^2}$$

으로 된다. 이러한 표현들은 y의 관점에서 본 x나 혹은 x의 관점에서 본 y를 직접적으로(즉 명확하게)표시해 주기 때문에 이러한 표현들을 x와 y의 양함수(陽函數, explicit functions)라고 한다. 이것들을 정리하여 예를 들어 보면 $x^2 + 3 = 2y - 7$과 같은 식은 x와 y의 음함수이며, 이 식을 양함수인 $y = \frac{x^2 + 10}{2}$ (x의 양함수) 혹은 $x = \sqrt{2y - 10}$ (y의 양함수)로 쓸수도 있다. 여기에서 x, y, z 등의 양함수는 x, y, z 등이 동시에 그 중에 하나 혹은 두 개가 변할 때에 아울러서 변하고 있는 어떤 값이라는 것을 알 수 있다. 그렇기 때문에 양함수의 값은 종속변수(dependent variable)라고 하는데, 그 이유는 종속변수는 어떤 함수에 있어서 변하고 있는 다른 변수의 값이 정해짐에 따라서 종속적으로 그 값이 정해지기 때문이다. 이에 반하여 다른 변수를 독립변수(independent variable)라고 하는데 이것은 함수에 의하여 정해지는 변수, 즉 종속변수와는 관계없이 독자적으로 결정이 되기 때문이다. 예를 들어서 $u = x^2 \cdot \sin\theta$라는 함수가 있을 때 x와

θ가 독립변수라면 u는 종속변수인 것이다.

어떤 경우에는 x, y, z 등의 변량들의 관계를 잘 알 수도 없고, 그것들을 표기하는 것이 불편할 때도 있다. 단지 이 변수들 간에는 모종의 관계가 있다는 것만을 알 수 있거나 혹은 그것들을 표기하는 것만이 가능할 수도 있다. 그래서 다른 변량에 영향을 주지 않고 x 혹은 y 혹은 z를 단독적으로 변화시킬 수는 없으며 어떤 변량이 변하면 반드시 다른 변량도 변하게 된다. 그러므로 x, y, z의 함수가 존재한다는 것은 $F = (x, y, z)$ 같이 음함수로 표시되거나 혹은 $x = F(y, z), y = F(x, z), z = F(x, y)$ 같이 양함수로 표시된다. 어떤 경우에 F 대신에 f 혹은 Φ의 기호가 사용되는데, 이 때 $y = F(x), y = f(x), y = \Phi(x)$는 모두 같은 뜻이다. 즉 어떤 관계에 의하여 y의 값은 x의 값에 좌우된다는 것이다.

$\frac{dy}{dx}$의 율을 x에 대한 y의 미분계수(微分係數, differential coefficient)라고 하며 이것은 $\frac{dy}{dx}$의 간단한 관계를 나타내는 엄연한 수학적 용어이다. 그러나 모든 것들은 그 자체가 매우 쉽기 때문에 이 엄연한 용어에 대해서 겁을 먹어서는 안 된다. 겁을 먹는 대신에 그렇게 긴 명칭을 가지는 그 망할 놈의 것에 대하여 욕을 한마디 해 볼 수도 있으며, 마음을 가라 앉혀서 생각해 보면 그것이 별것 아니라 아주 단순한 의미인 $\frac{dy}{dx}$의 비율이라는 것을 알 수가 있다.

학교에서 배운 2차방정식과 같은 일반 대수학에서 당신은 x 혹은 y로 불리는 미지의 변량을 언제나 찾아 낼 수 있는 x와 y와 같은 두 개의 변량이 있었다. 그러나 지금 당신은 새로운 방법으로 미지의 변량을 찾아내는 방법을 배우게 되는데, 여기에서 우리

가 찾아내야 하는 것은 x도 아니도 y도 아닌 $\dfrac{dy}{dx}$ 라고 하는 괴상

한 것이며, 이 $\dfrac{dy}{dx}$의 값을 구하는 과정을 미분(differentiation)이

라고 하는 것이다. 그러나 dy와 dx가 모두 무한히 작을 때 $\dfrac{dy}{dx}$의

비율이 우리가 구하고자 하는 바로 그것이라는 것을 잊어서는 안

된다. 그러므로 미분계수의 진정한 값은 dy, dx가 각기 무한히

작은 것이라고 하는 제한된 조건에서 추측되는 값이 된다.

이제부터 $\dfrac{dy}{dx}$를 찾아내는 법을 배워 가자.

미분치들을 읽는 방법

이제 당신은 dx가 d에다 x를 곱한 것이라고 어린 학생들처럼

잘못 생각하지 않을 것이다. 왜냐하면 d는 곱셈의 인수가 아니기

때문이며, dx는 d 다음에 오는 x의 작은 분량, 즉 x의 미분치라

는 뜻이다. 그러므로 dx를 "디엑스"라고 읽는다. 이러한 것을 가

르쳐 줄 수 있는 선생님이 없는 이 책의 독자를 위하여 미분계수

들은 다음과 같은 방법으로 읽는다. $\dfrac{dy}{dx}$ 라는 미분계수는 "디 엑

스 분에 디 와이"라고 읽으며 $\dfrac{dy}{dt}$ 는 "디 티 분에 디 와이"라고

읽는다.

후에 우리는 미분계수를 재차 미분한 2차 미분계수들을 다루게

되는데 그들은 다음과 같이 읽는다. 즉 $\dfrac{d^2y}{dx^2}$ "디 엑스 제곱 분에

디 제곱 와이"라고 읽으며 x에 대하여 y를 두 번 미분했다는 것

을 뜻한다.

또한 어떤 함수가 미분되었다는 것을 표시하는 방법으로 그 함수의 기호에다 악센트 부호를 붙이는 수가 있는데, 만일 $y = F(x)$ 즉 y는 x에 대한 미지의 함수를 뜻할 때(21페이지 참조), 미분계수의 표시를 $\dfrac{d(F(x))}{dx}$ 대신에 $F'(x)$라고 표시한다. 마찬가지로 $F'' = (x)$는 본래의 함수 $F(x)$를 x에 대하여 두 번 미분했다는 것을 나타낸다.

4
간단한 미분의 예

그러면 간단한 함수들을 어떻게 미분하는가 보기로 하자.

[예제]

(1) $y = x^2$라는 간단한 식을 미분해 보자. 미분학의 가장 기본적인 개념은 증가(growing)라는 것을 기억해야 되는데 수학자들은 이것을 변화(varing)라고 부른다. 여기에서 y와 x^2은 같으므로, x가 커지면 x^2 역시 증가할 것이다. 그리고 x^2이 커지면 y 역시 커지게 된다. 여기에서 우리가 구해야 하는 것은 y의 증가와 x의 증가 관계의 비율이며 바꾸어 말하면 우리가 해야 하는 것은 dy와 dx의 비율을 찾아내는 것, 즉 간단히 말해서 $\dfrac{dy}{dx}$의 값은 구하는 것이다.

x가 아주 조금 증가하여 $x + dx$가 되게 하며, y도 이와 마찬가지로 조금 증가하여 $y + dy$가 될 것이다. 그리고 증가된 y는 증가된 x의 제곱과 틀림없이 같다. 이것을 써 보면 $y + dy = (x + dx)^2$가 되고 이것을 풀면 $y + dy = x^2 + 2x \cdot dx + (dx)^2$이 된다. 여기에서 $(dx)^2$은 무엇을 의미하는가? dx는 x의 아주 작은 분량이라는 것을 기억할 것이다. 그러면 $(dx)^2$은 x의 아주 작은 분량의 아주

작은 분량이 되면 앞에서 말한 바와 같이 둘째 단계의 작은 분량으로서 다음 것들에 비하면 아주 하찮게 작은 분량이며, 그러므로 무시해 버릴 수가 있다. 그러므로 이것을 제거해 버리면 위의 식은

$$y + dy = x^2 + 2x \cdot dx,$$

여기에서 $y = x^2$이며, $y + dy = x^2 + 2x \cdot dx + (dx)^2$에서 $y = x^2$를 소거해 버리면 $dy = 2x \cdot dx$가 남게 된다. 그러므로

$$\frac{dy}{dx} = 2x$$

가 된다.

이것이 바로 우리가 구하려고 한 것이며, 이것은 y의 증분 dy와 x의 증분 dx의 비이며, 이 경우에 있어서 그것은 $2x$가 되는 것이다.

숫자적인 예

위의 예에서 $y = x^2$이고, $x = 100$이라면

$y = 10,000$

이 된다. x가 증가하여 $101(dx = 1$이라 하면)이 되었다면, 증가된 y는 $101 \times 101 = 10,201$이 된다. 그러나 우리가 잘 아는 바와 같이 둘째 단계의 작은 분량은 무시해 버릴 수가 있으므로, 이 경우에 있어서 10,000에 비하면 1은 제거해 버릴 수가 있다. 그러므로 10,201에서 1을 제거하면 y가 10,000에서 10,200으로 증가되었다고 어림할 수가 있다. 결과적으로 y가 증가된 양은 200이 된다.

$$\frac{dy}{dx} = \frac{200}{1} = 200$$

위의 예에서 $\frac{dy}{dx} = 2x$였으며, $x = 100$이므로

$$2x = 200$$

24

4. 간단한 미분의 예

이 된다.

여기에서 dx를 1보다 한층 더 작게 잡아서 풀어보자

$dx = 0.1$이라면 $x + dx = 100 + 0.1 = 100.1$이고

$(x + dx)^2 = (100.1) \times (100.1) = 10,020.01$

10,020.01에서 0.01는 10,000의 100만분의 1밖에 안되므로 완전히 무시해 버릴 수 있으며, 그러므로 끝부분의 소수점 이하는 제거해 버리고 10,020이 된다.

그러므로

$dy = 20$

$\dfrac{dy}{dx} = \dfrac{20}{0.1} = 200$

이 되며 이 경우에도 $\dfrac{dy}{dx}$는 역시 $2x$가 된다.

(2) 같은 방법으로 $y = x^3$을 미분해 보자.

우선 y를 증가시켜 $y + dy$가 되게 하고, x를 증가시켜 $x + dx$가 되게 한다. 그러면 $y + dy = (x + dx)^3$이 된다.

오른쪽 항을 풀면

$y + dy = x^3 + 3x^2 \cdot dx + 3x \cdot (dx)^2 + (dx)^3$

여기에서 우리는 둘째 단계와 셋째 단계의 작은 분량 즉 $3x(dx)^2$과 $(dx)^3$의 두 항은 무시해 버릴 수 있다.

왜냐하면 dy와 dx는 둘 다 무한히 작은 것들이며, $(dx)^2$과 $(dx)^3$은 다른 것들에 비교해 보면 너무나도 작기 때문이다. 그러므로 이 둘을 제거해 버리면 $y + dy = x^3 + 3x^2 \cdot dx$가 남게 된다.

그러나 본래 $y = x^3$이므로, 이것을 소거하면

25

$$dy = 3x^2 \cdot dx$$

$$\frac{dy}{dx} = 3x^2$$

이 된다.

(3) $y = x^4$을 미분해 보자.

위에서 한 바와 같이 x와 y를 아주 조금씩 증가시키면

$$y + dy = (x + dx)^4$$

이 된다. 이것을 풀면

$$y + dy = x^4 + 4x^3 dx + 6x^2(dx)^2 + 4x(dx)^3 + (dx)^4$$

여기에서 dx의 둘째 단계 이상의 작은 것들을 무시하여 제거하며

$$y + dy = x^4 + 4x^3 dx$$

본래의 $y = x^4$를 소거하면

$$dy = 4x^3 dx$$

$$\frac{dy}{dx} = 4x^3$$

이 모든 예들은 대단히 쉽다. 그러면 이러한 결과들에서 어떤 일반적인 법칙을 유도해 낼 수 있는지 알아보자.

위의 결과들을 y의 값과 미분해서 얻어진 $\dfrac{dy}{dx}$의 값을 정리해 대조해 보면 다음과 같이 된다.

y	$\dfrac{dy}{dx}$
x^2	$2x$
x^3	$3x^2$
x^4	$4x^3$

이 결과를 자세히 보자. 미분을 한다는 것은 x의 거듭제곱의 수(지수)를 하나 줄이는(마지막 예의 경우 거듭제곱 4를 하나 줄여 거듭제곱이 3이 되게 하여 x^4를 x^3으로 되게 한다) 동시에 어떤 수를 곱해주면 된다(그 어떤 수는 본래 거듭제곱으로 나타난 수이다). 이러한 일반적인 법칙을 알면 다른 것들도 어떻게 미분해야 할지를 쉽게 추측해 낼 수 있을 것이다. x^5를 미분하면 $5x^4$이 되고, x^6을 미분하면 $6x^5$이 될 것이다. 만약 아리송하여 분명해 보이지 않으면 이러한 추측이 맞는지 보기로 하자.

$$y = x^5$$

$$y + dy = (x + dx)^5$$

$$= x^5 + 5x^4 dx + 10x^3 (dx)^2 + 10x^2 (dx)^3 + 5x (dx)^4 + (dx)^5$$

dx의 둘째 단계 이상의 작은 것들을 무시하여 제거해 버리면

$$y + dy = x^5 + 5x^4 dx$$

가 남게 된다.

본래의 $y = x^5$를 소거하면

$$dy = 5x^4 dx$$

$$\frac{dy}{dx} = 5x^4$$

으로 우리가 추측한 것과 틀림없다.

이러한 것들을 체계적으로 풀어보면 다음과 같은 결론을 얻게 된다.

즉, x^n이라는 x의 n거듭제곱을 미분하려면

$$y = x^n$$

이라고 놓고, 다음을 구하면 된다. 즉

$$\frac{dy}{dx} = nx^{n-1}$$

예를 들어 $n=8$일 때 이것을 미분하면

$$\frac{dy}{dx} = 8x^7$$

이 된다.

x^n을 미분하면 nx^{n-1}이 되는 일반적 법칙은 사실로 n가 모든 양(+)의 정수일 때 성립된다. (이항정리(Binomial theorem)에 의하여 $(x+dx)^n$를 전개해 보면 이것은 명확히 알 수 있다.) 그러나 n의 값이 음수(-)이거나 분수일 경우에도 사실로 그렇게 되는가는 좀 더 생각해 보아야 한다.

거듭제곱이 음수인 경우

$y = x^{-2}$이라고 하면

$$y + dy = (x+dx)^{-2} = x^{-2}(1+\frac{dx}{x})^{-2}$$

이것을 이항정리(152페이지 참조)에 의하여 전개해 보면

$$y + dy = x^{-2}[1 - \frac{2dx}{x} + \frac{2(2+1)}{1\times2}(\frac{dx}{x})^2 - ...]$$

$$= x^{-2} - 2x^{-3}dx + 3x^{-4}(dx)^2 - 4x^{-5}(dx)^3 + \cdots$$

높은 단계들의 작은 것들을 무시하여 제거해 버리면

$$y + dy = x^{-2} - 2x^{-3}dx$$

가 남게 되며 여기에서 본래의 $y = x^{-2}$를 소거하면

$$dy = -2x^{-3}dx$$

$$\frac{dy}{dx} = -2x^{-3}$$

4. 간단한 미분의 예

이 되며, 이렇게 거듭제곱이 음수인 경우에도 마찬가지로 일반법칙과 일치된다.

거듭제곱이 분수인 경우

$y = x^{\frac{1}{2}}$ 이라고 하면

$$y + dy = (x + dx)^{\frac{1}{2}}$$
$$= x^{\frac{1}{2}} (1 + \frac{dx}{x})^{\frac{1}{2}}$$
$$= \sqrt{x} (1 + \frac{dx}{x})^{\frac{1}{2}}$$
$$= \sqrt{x} + \frac{1}{2} \frac{dx}{\sqrt{x}} - \frac{1}{8} \frac{(dx)^2}{x\sqrt{x}} + (dx\text{의 높은 단계들의 작은 항들})$$

결국

$$dy = \frac{1}{2} \frac{dx}{\sqrt{x}} = \frac{1}{2} x^{-\frac{1}{2}} dx$$

$$\frac{dy}{dx} = \frac{1}{2} x^{-\frac{1}{2}}$$

이 되며, 이것도 역시 일반법칙과 일치한다.

요약

현재까지 우리는 꽤 많은 것을 배웠으며 다음과 같은 결론을 얻을 수 있다. x^n을 미분하려면 그것에 거듭제곱의 수를 곱하고 거듭제곱의 수를 하나 적게 한다. 즉 nx^{n-1}이 되게 하는 것이다.

◈ 연습문제 1 ◈ (해답 p.308)

다음을 미분하라.

(1) $y = x^{13}$ (2) $y = x^{\frac{3}{2}}$ (3) $y = x^{2a}$

(4) $u = t^{2.4}$ (5) $z = \sqrt[3]{u}$ (6) $y = \sqrt[3]{x^{-5}}$

(7) $u = \sqrt[5]{\dfrac{1}{x^8}}$ (8) $y = 2x^a$ (9) $y = \sqrt[q]{x^3}$

(10) $y = \sqrt[n]{\dfrac{1}{x^m}}$

당신은 x의 거듭제곱들을 어떻게 미분하는지를 배웠다. 과연 얼마나 쉬운 것들인가!

5
상수의 처리

앞에서 다룬 방정식들에서 x라는 변량을 증가하는 것이라고 생각했고, x가 증가하는 결과로서 y도 역시 그 값이 변하여 증가하게 되었다. 우리는 흔히 x를 변화시킬 수 있는 양(변량)이라고 생각하고, x의 변화를 일종의 원인과 같이 생각하며 이러한 원인에 의하여 생기는 y의 변화를 일종의 결과로 생각한다. 즉 y의 값이 x의 값에 의하여 좌우된다고 생각하는 것이다. x와 y는 둘 다 변량이다. 그러나 x는 우리가 변화를 시킬 수 있는 것이며, y는 x의 변화에 따라 정해지는 「종속변수」이다. 그리고 앞장에서 우리는 독립적으로 변하는 x의 양에 대하여 종속적으로 변하는 y의 양의 비를 구하는 공부를 했다.

다음으로 우리가 공부해야 할 것은 미분을 하는 과정에서 상수(常數, constant)가 존재함으로써 생기는 결과를 알아내는 것이다. 앞에서 말한 바와 같이 x가 y가 변할 때 상수는 변하지 않는다는 것을 기억하자.

상수가 더해지는 경우
상수가 더해지는 간단한 경우의 예를 들어 보자.
예를 들어

$$y = x^3 + 5$$

의 경우, 5는 상수로서 $y = dx$되게 하고 y를 증가시켜 $y + dy$ 되게 하면

$$y + dy = (x + dx)^3 + 5$$

$$= x^3 + 3x^2dx + 3x(dx)^2 + (dx)^3 + 5$$

재차 미분한 작은 양의 것들을 무시해 버리면

$$y + dy = x^3 + 3x^2dx + 5$$

본래의 $y = x^3 + 5$를 소거해 버리면 다음과 같다.

$$dy = 3x^2dx$$

$$\frac{dy}{dx} = 3x^2$$

여기에서 보면 상수인 5는 미분의 결과 완전히 없어져 버렸다. x가 증가될 때 이 상수는 아무런 것도 더해 주지를 않았으며, 미분계수 $\frac{dy}{dx}$의 값에도 들어 있지 않는 것이다. 이러한 경우 상수를 5 대신에 7이나 700, 혹은 어떤 다른 수를 잡더라도 미분을 하면 없어져 버릴 것이다. 그러므로 어떤 상수를 a, b 혹은 c로 표시하더라도 미분을 하면 없어지고 만다.

만약 더해지는 상수가 −5 혹은 −6과 같이 음수의 값일 때에도 마찬가지로 없어진다.

상수가 곱해지는 경우

간단한 예를 들어

$$y = 7x^2$$

이라 하고, 앞에서와 마찬가지로 진행시켜 보면

$$y + dy = 7(x + dx)^2$$

$$= 7\{x^2 + 2x \cdot dx + (dx)^2\}$$

$$= 7x^2 + 14x \cdot dx + 7(dx)^2$$

여기에서 마지막 항을 무시해 버리고 본래의 $y = 7x^2$을 소거하면

$$\frac{dy}{dx} = 14x$$

$y = 7x^2$과 $\frac{dy}{dx} = 14x$의 식을 그래프를 그려서 위의 예를 설명해 보자. 이때 x는 0, 1, 2, 3 등의 연속적으로 변하는 수의 집합이며, 그것에 따라 대응되는 y와 $\frac{dy}{dx}$의 값을 찾아내는 것이다.

이 값들은 다음 표과 같다.

x	0	1	2	3	4	5	-1	-2	-3
y	0	7	28	63	112	175	7	28	63
$\frac{dy}{dx}$	0	14	28	42	56	70	-14	-28	-42

위의 값들을 그래프로 그리면 〈그림 6(a)〉와 〈그림 6(b)〉를 얻게 된다.

이 두 그래프를 자세히 보면, 유도된 곡선〈그림 6(b)〉의 y측의 값은 x의 대응하는 값에 있어서 본래의 곡선〈그림 6(a)〉에 있어서 본래의 곡선〈그림 6(a)〉의 기울기(물매)에 비례하고 있음을 확인할 수 있다. 〈그림 6(a)〉에 있어서 왼쪽 끝에서부터 볼 때 본래 곡선의 기울기가 (−)이며(경사가 왼쪽 끝이 올라가고 오른쪽 끝이 내려온 (−)경사), 이 곡선의 맨 왼쪽에서 볼 때, 이에 대응하는 유

도된 $\dfrac{dy}{dx}$ 곡선의 y축 값은 0보다 작은 값으로 나타나 있다.

앞에서 설명한 23~24페이지를 볼 때 x^2를 미분하면 $2x$가 되었다.

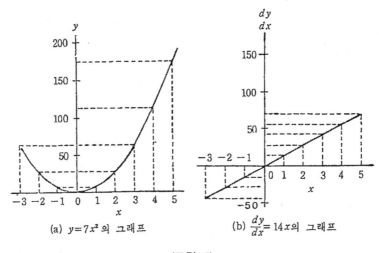

(a) $y=7x^2$의 그래프   (b) $\dfrac{dy}{dx}=14x$의 그래프

〈그림 6〉

그러므로 $7x^2$의 미분계수는 x^2의 미분계수의 7배가 됨을 알 수 있을 것이다. $8x^2$의 경우를 보면 미분계수는 x^2의 미분계수가 8배가 된다. 그리고 $y=ax^2$의 경우

$$\frac{dy}{dx}=a\times 2x$$

가 된다.

$$y=ax^n$$

를 예를 들어보면

$$\frac{dy}{dx}=a\times nc^{n-1}$$

이 된다.

34

그러므로 어떤 상수가 단순히 곱해지는 경우 그 식을 미분하면 그 상수는 유도된 미분계수에 곱해지는 요소로 다시 나타나게 되는 것이다 이렇게 상수가 곱해지는 경우에서 알 수 있는 사실은 어떤 상수에 의하여 나누어지는 경우에서도 마찬가지다. 위의 예에 있어서 상수를 7대신에 $\frac{1}{7}$로 잡으면 미분의 결과 역시 7 대신에 $\frac{1}{7}$이 나오게 된다.

유사한 예제들

상세하게 풀이된 다음의 예제들은 일반적인 대수학적 수식들에 응용되는 미분과정을 완전히 이해할 수 있게 해 줄 것이며, 나아가서 이 장의 맨 끝에 주어지는 연습문제들을 혼자서 풀 수 있게 해줄 것이다.

(1) $y = \dfrac{x^5}{7} - \dfrac{3}{5}$을 미분하라.

$-\dfrac{3}{5}$은 상수로서 더해진 경우의 것이므로 없어져 버린다(31페이지 참조). 그러면 다음과 같이 쓸 수 있다.

$$\frac{dy}{dx} = \frac{1}{7} \times 5 \times x^{5-1} \text{ 혹은}$$

$$\frac{dy}{dx} = \frac{5}{7} x^4$$

(2) $y = a\sqrt{x} - \dfrac{1}{2}\sqrt{a}$를 미분하라.

$-\dfrac{1}{2}\sqrt{a}$ 항은 더해진 상수이므로 없어져 버리고, 거듭제곱의 형태로 있는 $a\sqrt{x}$ 는 $ax^{\frac{1}{2}}$ 로 쓸 수 있다. 그러므로

$$\frac{dy}{dx} = a \times \frac{1}{2} x^{\frac{1}{2}-1}$$

$$\frac{dy}{dx} = \frac{a}{2\sqrt{x}}$$

가 된다.

(3) $ay + bx = by - ax + (x+y)\sqrt{a^2-b^2}$ 에서 x에 대한 y의 미분계수를 구하라.

이러한 형의 식은 우리가 아직까지 배워온 것보다는 좀 더 많은 지식을 요구하고 있다. 그러나 이러한 식은

$$y = x$$

의 꼴로 표현되는 어떤 형의 식으로 바꾸어 쓸 수 있는지를 언제나 시도해 보아야 한다.

이 식은 다음과 같이 쓸 수 있다.

$$(a-b)y + (a+b)x = (x+y)\sqrt{a^2-b^2}$$

$\dfrac{a+b}{a-b}$ 를 k^2이라고 잡으면

$$a^2 - b^2 = (a+b)(a-b) = k^2(a-b)^2$$

$$\therefore \sqrt{a^2-b^2} = k(a-b)$$

가 된다. 그러므로

$$(a-b)y + (a+b)x = (x+y)k(a-b)$$

이것을 $(a-b)$로 나누면

$$y + k^2 x = k(x+y)$$

$$y(1-k) = kx(1-k)$$

$$y = kx$$

가 된다. 그러므로

$$\frac{dy}{dx} = k = \sqrt{\frac{a+b}{a-b}}$$

가 된다.

(4) 밑면의 반지름이 r이고, 높이가 h인 원기둥의 부피는 $V = \pi r^2 h$로 표시된다.

$$r = 5.5인치$$

$$h = 20인치$$

일 때 반지름의 변화에 대한 부피의 변화율을 구하라. 만일 $r = h$라 하고, 반지름이 1인치 증가할 때 그 부피가 400세제곱 인치로 늘어난다면 그 때의 부피를 구하라.

반지름 r에 대한 부피 V의 변화율은 다음과 같다.

$$\frac{dv}{dr} = 2\pi rh$$

$r = 5.5$인치이며, $h = 20$인치이면 그 변화율은 690.8이 된다. 이것은 반지름 r의 변화가 1일 때 부피 V의 변화가 690.8이라는 뜻이다. 이것은 쉽게 증명이 되는데 $r = 5$일 때와 $r = 6$일 때 부피는 각각 1570 및 2260.8 세제곱 인치가 되며, 2260.8-1570=690.8이 된다.

높이와 반지름이 같아서 $h = r$이며, h는 상수로 남게 되면

$$\frac{dV}{dr} = -2\pi r^2 = 400$$

37

그리고 $r = h = \sqrt{\dfrac{400}{2\pi}}$ =7.98 인치가 된다.

그러나 만약 $h = r$이고 r에 따라 변화한다고 하면

$$\frac{dV}{dr} = 3\pi r^2 = 400$$

$$r = h = \sqrt{\frac{400}{3\pi}} = 6.51 \text{ 인치}$$

가 된다.

(5) 페리 복사 고온계(Fery's radiation pyrometer)의 측정치 θ의 값은 측정되는 물체의 섭씨온도 t와 다음과 같은 깊은 관계가 있다.

$$\frac{\theta}{\theta_1} = \left(\frac{t}{t_1}\right)^4$$

이 때 θ_1은 섭씨온도 t_1인 물체의 θ값이다.

1,000℃일 때 θ의 값이 25라고 하면 800℃, 1,000℃, 1,200℃에서 고온계의 감도를 비교해 보자.

감도라는 것은 섭씨온도에 대한 고온계의 측정값이 변화율이며, 그것은 $\dfrac{d\theta}{dt}$이다. 위의 식

$$\frac{\theta}{\theta_1} = (\frac{t}{t_1})^4$$

$$\theta = \frac{\theta_1}{t_1^4}t^4 = \frac{25t^4}{1,000^4}$$

이며, 이것을 t에 대하여 미분하면

$$\frac{d\theta}{dt} = \frac{100t^3}{1,000^4} = \frac{t^3}{10,000,000,000}$$

이때 t의 값이 각각 800, 1,000, 1,200이면 $\dfrac{d\theta}{dt}$의 값은 각각 0.0512, 0.1, 0.1728이 된다.

그러므로 감도는 800℃에서 1,000℃로 될 때 약 배로 늘며 1,200℃로 되면 약 3/4배로 커진다.

◆ 연습문제 2 ◆ (해답 p.308)

다음을 미분하라.

(1) $y = ax^3 + 6$ (2) $y = 13x^{\frac{3}{2}} - c$ (3) $y = 12x^{\frac{1}{2}} + c^{\frac{1}{2}}$

(4) $y = c^{\frac{1}{2}} x^{\frac{1}{2}}$ (5) $u = \dfrac{az^n - 1}{c}$ (6) $y = 1.18t^2 + 22.4$

이와 유사한 문제들을 스스로 만들어서 미분해 보자.

(7) $t℃$와 $0℃$에서 한 쇠막대의 길이가 각각 l_t, l_o라 하면

$$l_t = l_o (1 + 0.000012t)$$

일 때, 온도에 대하여 변하는 쇠막대의 길이의 변화를 구하라.

(8) 백열전등의 촉광을 c, 전압을 V라 할 때

$$c = aV^b$$

라 하고, 여기서 a, b는 상수일 경우, 전압에 대한 촉광의 변화율을 구하라. 또 a=0.5×10⁻¹⁰, b=6인 경우 전압이 80, 100, 120볼트일 때 전압에 대한 촉광의 변화를 구하라.

(9) 반지름이 D, 길이가 L, 비중이 σ인 철선이 T라는 힘에 의해 팽팽히 되어 있을 때, 철선의 떨리는 주파수 n은 다음과 같다.

$$n = \frac{1}{DL} \sqrt{\frac{gT}{\pi\sigma}}$$

D, L, σ, T가 각각 변할 때 각각의 경우 주파수의 변화율을 구하라.

(10) 관이 파열되지 않고 지탱할 수 있는 최대의 외부 압력 P는 다음 식으로 표시된다.

$$P = (\frac{2E}{1-\sigma^2}) \frac{t^3}{D^3}$$

이 때 E와 σ는 상수이며, t는 관의 두께, D는 관의 지름이다. (이 식의 경우 $4t$는 D에 비하여 작다. 즉 $4t < D$에 따라 P가 변하는 율을 비교하여라.

(11) 반경 r의 변화에 대하여 아래 각 사항들의 변화율을 구하라.
  (a) 반경이 r인 원의 둘레
  (b) 반경이 r인 원의 넓이
  (c) 반경이 r, 능선(옆면의 길이)이 l인 원추의 표면적
  (d) 반경이 r, 높이가 h인 원뿔의 부피
  (e) 반경이 r인 공의 표면적
  (f) 반경이 r인 공의 부피

(12) 온도가 T일 때 철봉의 길이 L은
$$L = l_t [1 + 0.000012(T-t)]$$
이며, 이 때 l_t는 온도가 t일 때의 철봉의 길이를 나타낸다. 온도 T가 변할 때 지름이 D가 되는 철타이어의 경우 지름(D)의 변화율을 구하라.

6

더하기, 빼기, 곱하기, 나누기

지금까지 우리는 x^2+c 혹은 ax^4과 같은 간단한 함수들을 어떻게 미분하는가를 배웠다. 그러면 두 개 혹은 그 이상의 함수들의 더하기를 어떻게 미분하는가를 생각해 보자.

예를 들어

$$y = (x^2+c)+(ax^4-b)$$

라면 이러한 경우에서 이 식의 dy/dx는 과연 어떠한 것일까?

이러한 질문에 대한 답은 아주 간단하다. 즉 바로 그것들을 한 항, 한 항씩 미분하면 된다. 그러므로

$$\frac{dy}{dx} = 2x + 4ax^3$$

이렇게 하는 것이 맞는가를 의심한다면 좀 더 일반적인 경우의 식을 풀어보자. 그것이 바른 순서일 것이다.

$$y = u+v$$

라고 할 때, u는 x의 어떤 함수이고, v도 또한 x의 어떤 다른 함수라고 하면, x를 증가시켜 $x+dx$가 되게 하고 y는 $y+dy$로 되게 하면, u는 $u+du$로 증가하고 v는 $v+dv$로 된다.

그러면

$$y+dy = u+du+v+dv$$

42

가 되며 여기에서 본래의 $y = u + v$를 빼면

$$dy = du + dv$$

가 되며, 이 식의 모든 항을 dx로 나누면

$$\frac{dy}{dx} = \frac{du}{dx} + \frac{dv}{dx}$$

를 얻을 수 있다.

이것으로 충분히 증명이 된다. 그러므로 각각의 함수를 별개로 각각 미분하여 그 결과를 합하면 된다. 위의 예에서 볼 때 두 개의 함수를 임의로 넣어보면 21페이지에서 배운 표현 방법과 같게 다음과 같이 된다.

$$\frac{dy}{dx} = \frac{d(x^2 + c)}{dx} + \frac{d(ax^4 + b)}{dx}$$

$$= 2x + 4ax^3$$

이것은 위와 같이 똑같은 결과가 된다.

x에 관한 함수 세 개가 있고 그것들을 각각 u, v, w라고 하면, 즉

$$y = u + v + w$$

$$\frac{dy}{dx} = \frac{du}{dx} + \frac{dv}{dx} + \frac{dw}{dx}$$

가 된다.

빼기에 관한 법칙도 역시 다음과 같이 명백하다. v라는 함수가 음의 기호(−)를 가졌다면 이 함수의 미분계수는 역시 음(−)으로 된다. 그러므로 미분한 결과는

$$y = u - v$$

$$\frac{dy}{dx} = \frac{du}{dx} - \frac{dv}{dx}$$

를 얻게 된다.

그러나 식을 곱한 경우는 그렇게 간단하지 않다.

다음의 함수식을 미분한다면, 어찌하면 될까?

$$y = (x^2 + c) \times (ax^4 + b)$$

미분한 결과는 $2x \times 4ax^3$이 절대로 되지 않는다. $c \times ax^4$이나 $x^2 \times b$도 이 곱셈의 미분결과가 되지 않는 것을 명확히 알 수 있다.

이 문제를 푸는 데는 두 가지 방법이 있다.

첫째 방법

우선 각 항을 곱하여 그 결과를 미분하는 것이다.

그러므로 $(x^2 + c)$와 $(ax^4 + b)$를 곱하면

$$ax^6 + acx^4 + bx^2 + bc$$

가 된다. 다음에 이 결과를 미분하면

$$\frac{dy}{dx} = 6ax^5 + 4acx^3 + 2bx$$

가 답으로서 얻어진다.

둘째 방법

우리가 앞에서 다룬 원리들을 다시 생각하여

$$y = u + v$$

를 분석해 보자. 여기에서 u는 x의 함수, v는 x의 또 다른 함수이다. 그러면 x가 증가하여 $x + dx$가 되고 y는 $y + dy$가 된다면, u는 $u + du$가 되고, v는 $v + dv$가 되며

$$\begin{aligned} y + dy &= (u + du) \times (v + dv) \\ &= u{\cdot}v + u{\cdot}dv + v{\cdot}du + du{\cdot}dv \end{aligned}$$

여기에서 $du \cdot dv$는 작은 양의 둘째 단계의 양인 아주 작은 크기의 것이며, 결과적으로

$$y + dy = u \cdot v + u \cdot dv + v \cdot du$$

가 남으며, 여기에서 본래의 $y = u \times v$를 빼면

$$dy = u \cdot dv + v \cdot du$$

가 남게 되며, 이것의 각항을 dx로 나누면

$$\frac{dy}{dx} = u \cdot \frac{dv}{dx} + v \cdot \frac{du}{dx}$$

라는 결과를 얻게 된다.

이러한 것으로부터 다음과 같은 법칙을 알게 된다.

두 함수의 곱을 미분하기 위하여서는 한 함수에 다른 함수의 미분계수를 곱하고, 또 한 함수에 다른 함수의 미분 계수를 곱하여 얻어진 결과를 더하면 된다.

이러한 과정은 다음가 같이 됨을 알 수 있다. 즉 함수 v를 미분할 때는 함수 u를 상수로 취급하고, 또 함수 u를 미분할 때는 함수 v를 상수로 취급하여, 이 두 결과를 더하면 전체의 미분 계수 $\frac{dy}{dx}$를 구할 수 있다.

이러한 법칙을 알았으면 위에서 예로 주어진 실제의 문제에 적용시켜 보자.

우리가 풀어야 할 문제는

$$y = (x^2 + c) \times (ax^4 + b)$$

을 미분하는 것이다.

$$x^2 + c = u$$
$$ax^4 + b = v$$

라 하면, 위의 법칙에 의해 다음과 같이 쓸 수 있다.

$$\frac{dy}{dx} = (x^2+c)\frac{d(ax^4+b)}{dx} + (ax^4+b)\frac{d(x^2+c)}{dx}$$
$$= (x^2+c)\cdot 4ax^3 + (ax^4+b)\cdot 2x$$
$$= 4ax^5 + 4acx^3 + 2ax^5 + 2bx$$
$$= 6ax^5 + 4acx^3 + 2bx$$

가 되며, 이 결과는 첫째 방법으로 구한 결과와 똑같다.

그러면 마지막으로 나눗셈이 있는 경우를 미분해 보자.

다음과 같은 식을 예를 들어 보자.

$$y = \frac{bx^5+c}{x^2+a}$$

이 경우에 있어서는 우선 위의 항을 밑의 항으로 나눌 필요가 없다. 왜냐하면 bx^5+c는 x^2+a로 나누어지지 않기 때문이며 또한 이 두 항은 아무런 공약수도 갖고 있지 않기 때문이다. 그러므로 미분계수를 구하는 첫 번째의 원리에 의해 이것을 풀어야 한다.

그러므로

$$y = \frac{u}{v}$$

로 놓으면 u와 v는 둘 다 독립변수 x의 함수이다. 그러면 x가 $x+dx$가 되고 y가 $y+dy$가 될 때 u는 $u+du$가 되고 v는 $v+dv$가 된다.

그러므로

$$y+dy = \frac{u+du}{v+dv}$$

가 된다. 이것을 대수학적으로 나누어 보면 다음과 같이 된다.

$$v + dv \mid u + du \mid \frac{u}{v} + \frac{du}{v} - \frac{u \cdot dv}{v^2}$$

$$\frac{u + \dfrac{u \cdot dv}{v}}{du - \dfrac{u \cdot dv}{v}}$$

$$\frac{du + \dfrac{du \cdot dv}{v}}{-\dfrac{u \cdot dv}{v} - \dfrac{du \cdot dv}{v}}$$

$$\frac{-\dfrac{u \cdot dv}{v} - \dfrac{u \cdot dv \cdot dv}{v^2}}{-\dfrac{du \cdot dv}{v} + \dfrac{u \cdot dv \cdot dv}{v^2}}$$

마지막에 남게 되는 나머지 두 항은 $du \cdot dv$가 du 혹은 dv에 비하여 아주 작은 크기의 것이며, 이들은 무시해 버릴 수 있다. 그러므로 나누어 가는 풀이는 여기에서 그만 그쳐도 되는데 그것은 앞으로 나올 나머지들은 한층 더 작은 크기의 것들이 될 것이기 때문이다.

그러므로

$$y + dy = \frac{u}{v} + \frac{du}{v} - \frac{u \cdot dv}{v^2}$$

을 얻게 되면, 이것은 다음과 같이 쓸 수 있다.

$$y + dy = \frac{u}{v} + \frac{v \cdot du - u \cdot dv}{v^2}$$

여기에서 본래의 식 $y = u/v$를 빼면

$$dy = \frac{v \cdot du - u \cdot dv}{v^2}$$

가 남게 되면, 그러므로 양변을 dx로 나누면 다음과 같이 된다.

47

$$\frac{dy}{dx} = \frac{v \cdot \dfrac{du}{dx} - u \cdot \dfrac{dv}{dx}}{v^2}$$

이러한 것으로부터 다음과 같이 두 함수의 나누기(분수식)를 미분하는 방법의 법칙을 알게 되었다. 분모가 되는 함수에 분자가 되는 함수의 미분계수를 곱한다(전자). 분자가 되는 함수에 분모가 되는 함수의 미분계수를 곱한다.(후자). 그리고 전자에게 후자를 뺀다. 그 결과를 이번에 는 마지막으로 분모가 되는 함수의 제곱으로 나누어준다.

이러한 법칙을 알았으면 위에서 예로서 주어진 실제의 문제로 돌아가자. 즉 다음 식을 미분하여 보자.

$$y = \frac{bx^5 + c}{x^2 + a}$$

여기에서

$$bx^5 + c = u$$
$$x^2 + a = v$$

라 하면, 위의 법칙에 의해 다음과 같이 된다.

$$
\begin{aligned}
\frac{dy}{dx} &= \frac{(x^2+a)\dfrac{d(bx^5+c)}{dx} - (bx^5+c)\dfrac{d(x^2+a)}{dx}}{(x^2+a)^2} \\[2mm]
&= \frac{(x^2+a)(5bx^4) - (bx^5+c)(2x)}{(x^2+a)^2} \\[2mm]
&= \frac{3bx^6 + 5abx^4 - 2cx}{(x^2+a)^2}
\end{aligned}
$$

이렇게 미분하는 경우는 좀 길고 지루하지만 어려울 것은 없다. 문제를 완전하게 푼 다음의 예제들을 보라.

(1) $y = \dfrac{a}{b^2}x^3 - \dfrac{a^2}{b}x + \dfrac{a^2}{b^2}$ 을 미분하라.

a^2/b^2은 상수이므로 없어지고

$$\frac{dy}{dx} = \frac{a}{b^2} \times 3 \times x^{3-1} - \frac{a^2}{b} \times 1 \times x^{1-1}$$

여기에서 $x^{1-1} = x^0 = 1$이므로

$$\frac{dy}{dx} = \frac{3a}{b^2}x^2 - \frac{a^2}{b}$$

(2) $y = 2a\sqrt{bx^3} - \dfrac{3b^3\sqrt{a}}{x} - 2\sqrt{ab}$

x를 지수의 형태로 바꾸면

$$y = 2a\sqrt{b}\,x^{\frac{3}{2}} - 3b^3\sqrt{a}\,x^{-1} - 2\sqrt{ab}$$

이것을 미분하면 다음과 같이 된다.

$$\frac{dy}{dx} = 2a\sqrt{b} \times \frac{3}{2}x^{\frac{3}{2}-1} - 3b\sqrt[3]{a} \times (-1)x^{-1-1}$$
$$= 3a\sqrt{bx} + \frac{3b\sqrt[3]{a}}{x^2}$$

(3) $z = 1.8\sqrt[3]{\dfrac{1}{\theta^2}} - \dfrac{4.4}{\sqrt[5]{\theta}} - 27°$을 미분하라.

이 식은 다음과 같이 쓸 수 있다.

$$z = 1.8\theta^{-\frac{2}{3}} - 4.4\theta^{-\frac{1}{5}} - 27°$$

이것을 미분하면 $27°$ 는 없어져 버리고 다음과 같이 된다.

$$\frac{dz}{d\theta} = 1.8 \times (-\frac{2}{3})\theta^{-\frac{2}{3}-1} - 4.4 \times (-\frac{1}{5}) \times \theta^{-\frac{1}{5}-1}$$
$$= -1.2\theta^{-\frac{5}{3}} + 0.88\theta^{-\frac{6}{5}}$$
$$= \frac{0.88}{\sqrt[5]{\theta^6}} - \frac{1.2}{\sqrt[3]{\theta^5}}$$

(4) $v = (3t^2 - 1.2t + 1)^3$을 미분하라.

이러한 것을 직접 미분하는 방법은 뒤에(79페이지 참조) 설명하겠다. 그러나 여기에서도 쉽게 풀 수 있다. 제곱을 풀면

$$v = 27t^6 - 32.4t^5 + 39.96t^4 - 23.328t^3 + 13.32t^2 - 3.6t + 1$$

그러므로 답은 다음과 같다.

$$\frac{dv}{dt} = 162t^5 - 162t^4 + 159.84t^3 - 69.984t^2 + 26.64t - 3.6$$

(5) $y = (2x-3)(x+1)^2$을 미분하라.

$$\frac{dy}{dx} = (2x-3)\frac{d[(x+1)(x+1)]}{dx} + (x+1)^2\frac{d(2x-3)}{dx}$$
$$= (2x-3)[(x+1)\frac{d(x+1)}{dx} + (x+1)\frac{d(x+1)}{dx}] + (x+1)^2\frac{d(2x-3)}{dx}$$
$$= 2(x+1)[(2x-3) + (x+1)]$$
$$= 2(x+1)(3x-2)$$

더욱 간단히 하려면 곱을 하여 다음에 미분을 하면 된다.

(6) $y = 0.5x^3(x-3)$을 미분하라.

$$\frac{dy}{dx} = 0.5[x^3 \frac{d(x-3)}{dx} + (x-3)\frac{d(x^3)}{dx}]$$
$$= 0.5[x^3 + (x-3) \times 3x^2]$$
$$= 2x^3 - 4.5x^2$$

(7) $w = (\theta + \frac{1}{\theta})(\sqrt{\theta} + \frac{1}{\sqrt{\theta}})$을 미분하라.

이것은 다음과 같이 쓸 수 있다.

$$w = (\theta + \theta^{-1})(\theta^{\frac{1}{2}} + \theta^{-\frac{1}{2}})$$
$$\frac{dw}{d\theta} = (\theta + \theta^{-1})\frac{d(\theta^{\frac{1}{2}} + \theta^{-\frac{1}{2}})}{d\theta} + (\theta^{\frac{1}{2}} + \theta^{-\frac{1}{2}})\frac{d(\theta + \theta^{-1})}{d\theta}$$
$$= (\theta + \theta^{-1})(\frac{1}{2}\theta^{-\frac{1}{2}} - \frac{1}{2}\theta^{-\frac{3}{2}}) + (\theta^{\frac{1}{2}} + \theta^{-\frac{1}{2}})(1 - \theta^{-2})$$
$$= \frac{1}{2}(\theta^{\frac{1}{2}} + \theta^{-\frac{3}{2}} - \theta^{-\frac{1}{2}} - \theta^{-\frac{5}{2}}) + (\theta^{\frac{1}{2}} + \theta^{-\frac{1}{2}} - \theta^{-\frac{3}{2}} - \theta^{-\frac{5}{2}})$$

$$= \frac{3}{2}(\sqrt{\theta} - \frac{1}{\sqrt{\theta^5}}) + \frac{1}{2}(\frac{1}{\sqrt{\theta}} - \frac{1}{\sqrt{\theta^3}})$$

이러한 식은 우선 곱한 다음에 그 결과를 미분함으로서 간단하게 풀 수 있지만, 그러나 이렇게 푸는 것이 언제나 가능한 것은 아니다. 186페이지의 예제(8)에서 보는 바와 같은 곱셈은 그 자체를 직접 미분하는 방법으로 풀지 않으면 안 된다.

(8) $y = \dfrac{a}{1 + a\sqrt{x} + a^2 x}$를 미분하라.

$$\frac{dy}{dx} = \frac{(1+ax^{\frac{1}{2}}+a^2x)\times 0 - a\dfrac{d(1+ax^{\frac{1}{2}}+a^2x)}{dx}}{(1+a\sqrt{x}+a^2x)^2}$$

$$= -\frac{a(\dfrac{1}{2}ax^{\frac{1}{2}}+a^{2)}}{(1+ax^{\frac{1}{2}}+a^2x)}$$

(9) $y = \dfrac{x^2}{x^2+1}$ 을 미분하라.

$$\frac{dy}{dx} = \frac{(x^2+1)2x - x^2\times 2x}{(x^2+1)^2} = \frac{2x}{(x^2+1)^2}$$

(10) $y = \dfrac{a+\sqrt{x}}{a-\sqrt{x}}$ 를 미분하라.

이 식은 다음과 같이 바꾸어 쓸 수 있다.

$$y = \frac{a+x^{\frac{1}{2}}}{a-x^{\frac{1}{2}}}$$

$$\frac{dy}{dx} = \frac{(a-x^{\frac{1}{2}})(\dfrac{1}{2}x^{-\frac{1}{2}}) - (a+x^{\frac{1}{2}})(-\dfrac{1}{2}x^{-\frac{1}{2}})}{(a-x^{\frac{1}{2}})^2}$$

$$= \frac{a-x^{\frac{1}{2}}+a+x^{\frac{1}{2}}}{2(a-x^{\frac{1}{2}})^2x^{\frac{1}{2}}}$$

$$\frac{dy}{dx} = \frac{a}{(a-\sqrt{x})^2\sqrt{x}}$$

(11) $\theta = \dfrac{1-a\sqrt[3]{t^2}}{1+a\sqrt[2]{t^3}}$ 을 미분하라.

$$\theta = \dfrac{1-at^{\frac{2}{3}}}{1+at^{\frac{2}{3}}}$$

$$\frac{d\theta}{dt} = \frac{(1+at^{\frac{3}{2}})(-\frac{2}{3}at^{-\frac{1}{3}})-(1-at^{\frac{2}{3}})\times\frac{3}{2}at^{\frac{1}{2}}}{(1+at^{\frac{3}{2}})^2}$$

$$= \frac{5a^2\sqrt[6]{t^7}-\dfrac{4a}{\sqrt[3]{t}}-9a\sqrt[2]{t}}{6(1+a\sqrt[2]{t^3})^2}$$

(12) 어떤 각뿔대 모양의 저수지의 단면에 있어서 경사면과 수직 선과의 경사각이 45° 이다. 저수지 저면의 길이가 p피트일 때, 저 수지로 매분에 c세제곱 피트의 비율로 물이 흘러들어 차오르면 수면의 높이가 h피트가 되기까지 물이 차오르는 비율의 식을 구 하라. $p=17$, $h=4$, $c=35$일 때 그 비율을 구하라.

높이가 H, 밑면의 넓이가 각각 A와 a인 원추대 혹은 각뿔대의 부피는

$$V = \frac{H}{3}(A+a+\sqrt{Aa})$$

이다. 경사도는 45°, 길이는 h, 수면의 길이는 $(p+2h)$이므로

$$A = p^2$$
$$a = (p+2h)^2$$

이며 저수지 물의 부피(세제곱피트)는

$$V = \frac{1}{3} h[p^2 + p(p + 2h) + (p + 2h)^2]$$
$$= p^2 h + 2ph^2 + \frac{4}{3} h^3$$

여기에서 이러한 양의 물을 흘려 넣는데 필요한 시간을 t라고 하면, 물의 양은 다음과 같다.

$$ct = p^2 h + 2ph^2 + \frac{4}{3} h^3$$

이러한 관계에서 시간(t)이 변함에 따라 수면의 높이 (h)가 변하는 비율, $\frac{dh}{dt}$를 알 수 있으나, 위의 식은 h가 t의 함수이기 보다는 t가 h의 함수이므로, $\frac{dh}{dt}$를 구하는 것보다는 $\frac{dt}{dh}$를 구하는 것이 훨씬 쉬우며, 그 다음에 그 값을 역으로 바꾸면 된다.

왜냐하면

$$\frac{dt}{dh} \times \frac{dh}{dt} = 1$$

이 되기 때문이다. (142페이지와 159페이지 참조).

그리고 c와 p는 상수이므로

$$ct = p^2 h + 2ph^2 + \frac{4}{3} h^3$$

$$\therefore c\frac{dt}{dh} = p^2 + 4ph + 4h^2 = (p + 2h)^2$$

그러므로

$$\frac{dh}{dt} = \frac{c}{(p + 2h)^2}$$

이것이 답으로서 요구된 식이다.

여기에서 $p = 17$, $h = 4$, $c = 35$일 때의 변화율은 0.056ft/min가 된다.

(13) 온도가 t℃인 포화증기의 절대압력 P는 듀롱(Dulong)에 의해 밝혀진 바에 의하면 t가 80℃ 이상인 경우에 다음 식으로 표시된다.

$$P = \left(\frac{40+t}{140}\right)^5$$

온도가 100℃일 때 압력의 변화율을 구하라.

$$P = (\frac{40+t}{140})^5$$

$$\frac{dp}{dt} = \frac{5(40+t)^4}{(140)^5}$$

이므로 $t=100$일 때

$$\frac{dp}{dt} = \frac{5(40+100)^4}{(140)^5}$$

$$= \frac{5 \times (140)^4}{(140)^5}$$

$$= \frac{5}{140}$$

$$= \frac{1}{28}$$

$$= 0.036$$

그러므로 압력의 변화율은 온도가 100℃, 즉 $t=100$일 때 0.036기압/t℃가 된다.

◈ 연습문제 3 ◈ (해답 p.309)

(1) 다음을 미분하라.

   (a) $u = 1 + x + \dfrac{x^2}{1 \times 2} + \dfrac{x^3}{1 \times 2 \times 3} + \cdots$

   (b) $y = ax^2 + bx + c$

   (c) $y = (x + a)^2$

   (d) $y = (x + a)^3$

(2) $w = at - \dfrac{1}{2}bt^2$일 때 $\dfrac{dw}{dt}$를 구하라.

(3) $w = (x + \sqrt{-1}) \times (x - \sqrt{-1})$의 미분계수를 구하라.

(4) $y = (197x - 34x^2) \times (7 + 22x - 83x^3)$을 미분하라.

(5) $x = (y + 3) \times (y + 5)$일 때 $\dfrac{dy}{dx}$를 구하라.

(6) $y = 1.3709x \times (112.6 + 45.202x^2)$을 미분하라.

※ 다음을 미분하라.

(7) $y = \dfrac{2x + 3}{3x + 2}$ (8) $y = \dfrac{1 + x + 2x^2 + 3x^3}{1 + x + 2x^2}$

(9) $y = \dfrac{ax + b}{cx + d}$ (10) $y + \dfrac{x^n + a}{x^{-n} + b}$

(11) 백열전등 필라멘트의 온도 t는 백열등을 통과해 지나가는 전류에 의해 좌우되며 다음과 같은 관계가 있다.

   $C = a + bt + ct^2$

   온도 변화에 따른 전류의 변화를 나타내는 식을 구하라.

(12) $t\,°C$에서 도선의 전기저항 R과 0°C에서 그 도선의 전기저항 R_0 사이의 관계는 다음의 식들로 표시된다. 이 때 a와 b는 상수다.

$$R = R_o(1 + at + bt^2)$$
$$R = R_o(1 + at + b\sqrt{t})$$

$$R = R_o(1 + at + bt^2)^{-1}$$

각 식에서 온도 변화에 따른 전기 저항의 변화율을 구하라.

(13) 어떤 표준형 전지의 기전력은 온도 t에 대하여 다음과 같은 관계로서 변하고 있다.

$$E = 1.4340[1 - 0.000814(t - 15) + 0.000007(t - 15)^2]볼트$$

15°, 20°, 25°에서 온도에 대한 기전력의 변화를 구하라.

(14) 전류의 세기가 i, 길이가 l이 되는 전기아크를 유지하는데 필요한 기전력은 아일톤 여사(Mrs. Arytom)에 의해 다음과 같다고 알려져 있으며, 이 때 a, b, c, k는 상수다.

$$E = a + bl + \frac{c + kl}{i}$$

(a) 아크의 길이에 대한 기전력의 변화를 구하라.
(b) 전류의 세기에 대한 기전력의 변화를 구하라.

7
연속 미분

어떤 함수(18페이지 참조)의 미분을 여러 번 연속하여 보자. 쉬운 것을 예로 들어 $y = x^5$을 연속 미분해 보면

첫 번째 미분	$5x^4$	
두 번째 미분	$5 \times 4x^3 = 20x^2$	$= 20x^3$
세 번째 미분	$5 \times 4 \times 3x^2 = 60x^2$	$= 60x^2$
네 번째 미분	$5 \times 4 \times 3 \times 2x = 120x$	$= 120x$
다섯 번째 미분	$5 \times 4 \times 3 \times 2 \times 1 = 120$	$= 120$
여섯 번째 미분		$= 0$

이러한 것들을 나타내는 데에는 우리가 이미 배운(20페이지 참조) 매우 편리한 표기법이 있다. x의 어떤 함수를 표시하는 것으로 일반적으로 $f(\ )$라는 표기를 사용한다. $f(\ )$라는 표기는 어떤 특정한 함수를 말하지 않고 「어떤 것의 함수」라는 뜻이다. 그러므로 $y = f(x)$라는 것은 y는 x의 함수라는 것을 뜻하며 여기에서 그것은 x^2, ax^n 혹은 $\cos x$ 또는 x의 복잡한 다른 함수가 될 것이다.

이러한 함수의 표기들에 대하여 미분계수를 표시하는 표기는

$f'(x)$이다. 이것은 $\dfrac{dy}{dx}$보다 한층 간단한 표시 방법이다. 또 이것은 x의 도함수(derivative function)라고 한다. 도함수를 연속해 재차 미분한다면 2계 도함수(second derivative, second derived function)을 얻게 되며 이것은 2계 미분계수(second differential coefficient)라고도 하며, $f''(x)$로 표기한다. 그러면 이러한 연속적인 재차 미분을 일반화해 보자.

$y = f(x) = x^2$이라 하면

1계 미분 $f'(x) = nx^{n-1}$

2계 미분 $f''(x) = n(n-1)x^{n-2}$

3계 미분 $f'''(x) = n(n-1)(n-2)x^{n-3}$

4계 미분 $f''''(x) = n(n-1)(n-2)(n-3)x^{n-4}$

그러나 이러한 것만이 연속 재차 미분을 표시하는 방법은 아니다. 만일 본래의 함수가

$$f = f(x)$$

라 할 때, 일단 미분을 하면

$$\frac{dy}{dx} = f'(x)$$

두 번째 미분을 하면

$$\frac{d(\frac{dy}{dx})}{dx} = f''(x)$$

가 되며, 이것은 좀 더 간편하게

$$\frac{d^2y}{(dx)^2}$$

라 표시하며, 흔히

$$\frac{d^2y}{dx^2}$$

라고 표시한다. 마찬가지로 세 번째 미분한 결과를 다음과 같이 표시한다.

$$\frac{d^3y}{dx^3} = f'''(x)$$

(예제)

$$y = f(x) = 7x^4 + 3.5x^3 - \frac{1}{2}x^2 + x - 2$$ 일 때

$$\frac{dy}{dx} = f'(x) = 28x^3 + 10.5x^2 - x + 1$$

$$\frac{d^2y}{dx^2} = f''(x) = 84x^2 + 21x - 1$$

$$\frac{d^3y}{dx^3} = f'''(x) = 168x + 21$$

$$\frac{d^4y}{dx^4} = f''''(x) = 168$$

$$\frac{d^5y}{dx^5} = f'''''(x) = 0$$

$$y = \Phi(x) = 3x(x^2 - 4)$$ 일 때

$$\Phi'(x) = \frac{dy}{dx} = 3[x \times 2x + (x^2 - 4) \times 1] = 3(3x^2 - 4)$$

$$\Phi''(x) = \frac{d^2y}{dx^2} = 3 \times 6x = 18x$$

$$\Phi''' = \frac{d^3 y}{dx^3} = 18$$

$$\Phi''''(x) = \frac{d^4 y}{dx^4} = 0$$

◆ 연습문제 4 ◆ (해답 p.310)

※ 다음 식들의 $\dfrac{dy}{dx}$와 $\dfrac{d^2y}{dx^2}$를 구하라.

(1) $y = 17x + 12x^2$

(2) $y = \dfrac{x^2 + a}{x + a}$

(3) $y = 1 + \dfrac{x}{1} + \dfrac{x^2}{1 \times 2} + \dfrac{x^3}{1 \times 2 \times 3} + \dfrac{x^4}{1 \times 2 \times 3 \times 4}$

(4) **연습문제** 3(56페이지)의 (1)에서 (7)까지, 49페이지에 주어진 예제 (1)에서 (7)까지 문제들을 각각의 2계 도함수와 3계 도함수를 구하라.

8
시간에 대한 변화

미적분의 가장 중요한 문제 중의 하나는 시간이 독립변수일 때를 다루는 문제들이다. 이러한 경우에는 시간의 변함에 따른 어떤 변량의 변화를 생각해야만 한다. 시간이 경과함에 따라 어떤 것들은 증가하여 커지고, 어떤 것들은 이와 반대로 감소하여 작아진다. 출발 지점을 떠난 기차가 주행한 거리는 시간이 지남에 따라 계속하여 점점 길어지며, 나무는 해가 바뀔수록 점점 커진다. 여기서 우리는 다음과 같은 문제들을 생각해 볼 수 있다. 높이 12인치인 나무가 1년에 14피트로 자라난 경우에 과연 어떤 나무가 더 빨리 자랐을까? 즉 어떤 것의 성장도가 더 클까?

이러한 문제들을 이해하기 위해 이 장에서는 율(率 rate)이라는 용어를 많이 사용할 것이다. 우리가 다루려는 율이란 이자율이 낮다든지, 법적 이율이(연이율 2할과 같은 금리) 어떻다든가 하는 것과는 전혀 다른 개념을 가지고 있다. 자동차가 왱하고 지나가면 우리는 「굉장한 속력인데」라고 말하며, 낭비가 심한 사람이 돈을 물 쓰듯 헤프게 쓴다면 그런 친구는 생활비를 쓰는 율이 매우 높다고 말한다. 그러면 율이란 무엇을 의미하는 것일까? 위의 두 경우에 있어서 우리는 진행되고 있는 사건과 그런 일이 진행되고 있는 시간의 길이를 마음속으로 비교하고 있는 것이다. 그 자동차가 1초에 10m를 달려갔다면 1분에는 600m, 1시간에는 3.6km의 속도로 달려갔다는 것을 간단히 암산해 낼 수 있다.

그러면 1초에 10m라는 속도와 1분에 600m라는 속도가 같다는 것은 도대체 어떤 의미에서 같다는 것일까? 10m는 600m와 같은 거리가 아니며, 또 1초는 1분과 같은 시간이 아니다. 그러면 율이 같다든지 동일한 율이라는 말의 의미는 주행한 거리와 주행 시간의 비례가 어떤 사건들의 경우에서는 똑같다는 뜻이다.

다른 예를 들어 보자. 겨우 몇 만원의 월급을 받는 사람이 1년에 수백만 원을 쓰는 소비율로써 돈을 쓸 수 있다. 그러나 이 사람이 이렇게 엄청난 율로서 돈을 쓰는 것은 단지 겨우 1-2분이라는 짧은 기간 동안에만 가능할 것이다. 물건을 산 후에 카운터에 1원을 지불하는 경우를 생각해 보자. 이 경우에 돈을 지불하고 또 카운터에서 받는 시간이 정확히 1초였다고 가정해 보면, 이 짧은 기간 동안에 1초당 1원을 소비하는 율로서 돈을 쓰게 된다. 이 소비율은 분당 60원을 소비하는 율과 동일하며, 하루에 86,400원을 소비하는 율과 같고, 또 1년에 31,536,000원을 소비하는 율과 똑같다. 당신이 100원을 수중에 갖고 그 돈을 100만원을 1년에 쓰는 소비율로 쓴다면 단지 $5\frac{1}{4}$ 분밖에 쓸 수 없을 것이다. 자 그러면 이러한 생각들을 미분학적으로 나타내 보자.

돈의 액수를 y라 하고, 돈을 쓰는 시간을 t라 하자. 돈을 쓸 경우 dt라는 아주 짧은 기간 동안에 쓰이는 금액을 dy라 하면, 돈을 쓰는 율은 $\frac{dy}{dt}$가 될 것이다. 또 돈을 저축하는 경우에는 쓰이는 금액이 증가하지 않고 오히려 감소하는 것과 같기 때문에 소비율과는 달리 저축률은 (−)기호를 붙여서 $-\frac{dy}{dt}$가 될 것이다. 그러나 이렇게 금전을 다루는 것은 미적분의 좋은 예가 되지 못한다. 왜냐하면 금전은 일정한 율로 들어오고 나가는 것이 아니고 기복이 심하기 때문이다. 예를 들면 1년에 200만원을 번다고 하자. 이 금액이 365일 동안 매일 조금 조금씩 푼푼이 당신 손에 들어오는 것이 아니라, 주급 혹은 월급 또는 분기별로 목돈으로 들어오는 것이다. 이 돈이 쓰이는 경우에도 역시 마찬가지로 목돈으로 지출된다.

이러한 시간율의 개념들은 움직이는 물체의 속도(velocity)가 가장 잘 설명해 준다. 서울에서 부산까지는 420km이다. 기차가 7시에 서울을 떠나서 12시에 부산에 도착했다면, 기차는 5시간 동안에 420km를 주행한 것이며, 기차의 평균 속도는 $\frac{420}{5} = \frac{84}{1}$, 즉 시속 84km이었을 것임이 틀림없다. 여기에서 우리는 주행한 거리와 주행 시간을 마음속으로 비교하고 있는 것이다. 즉 어떤 하나를 다른 하나로 나누고 있는 것이다. 만일 주행한 총 거리를 y, 총 주행 시간을 t라 하면 평균 주행 속도는 $\frac{y}{t}$가 된다. 그러나 여기에서 생각해야 할 것은 기차가 달리는 기간 중 기차의 속도가 실제로 일정하지 않다는 사실이다. 기차가 출발할 때와 차가 멈추려고 점점 서서히 달릴 때는 기차의 속도는 평균속도 보다 느리다. 내리막길을 달릴 때의 속도는 시속 84km가 더 되었을 것이다. dt라는 어떤 특정한 경우의 짧은 기간 동안에 주행한 거리는 dy가 될 것이며, 그 순간의 속도는 $\frac{dy}{dt}$이다. 어떤 다른 변량 (이 경우에 있어서는 기차가 주행한 거리)에 따라서 변하는 율 (rate)은 어떤 변량의 다른 변량에 대한 미분계수(differential coefficient)로서 표시할 수 있다. 속도라는 것은 주어진 방향으로 아주 짧은 거리를 지나가는 율을 말하며,

$$v = \frac{dy}{dt}$$

로 표시할 수 있다.

그러나 만약 속도가 일정하지 않다면 그 속도가 반드시 증가하거나 감소할 것이다. 이러한 경우 속력이 증가하는 율을 가속도(加速度, acceleration)라고 부른다. 움직이고 있는 물체가 어느 특정한 순간에 dt라는 시간 동안 dv라는 크기의 속도만큼 증가했다면, 그 순간에 가속도는

$$a = \frac{dv}{dt}$$

이다.

그러나 $v = \frac{dy}{dt}$ 이므로

$$\therefore a = \frac{dv}{dt} = \frac{d}{dt}\left(\frac{dy}{dt}\right)$$

이다.

이것은 흔히 $a = \frac{d^2y}{dt^2}$ 라고 쓴다. 그러므로 이 가속도는 시간에 대한 거리의 미분계수를 한 번 더 미분한 것이라고도 할 수 있다 (즉 이차 도함수). 가속도는 단위 시간에 있어서 속도의 변화를 나타내는 것이다. 예를 들면 1초에 몇 미터(m) 움직였는가를 다시 초(sec)의 단위에서 생각한 것이다. 즉 m/sec^{2}라고 할 수 있다.

따라서 가속도의 단위는 정의에 따라서 다음과 같이 표시된다.

$$\frac{속도}{시간} = \frac{거리/시간}{시간} = \frac{거리}{(시간)^2}$$

기차가 발차하여 막 움직이기 시작했을 때의 속도 v는 매우 작다. 그러나 곧 속력을 얻게 되며 점점 속력이 증가하여 기차는 가

속된다. 그러므로 기차의 $\dfrac{d^2y}{dt^2}$은 커진다. 기차가 최고의 속력을

내어 달릴 때는 더 이상 가속되지 않으므로 $\dfrac{d^2y}{dt^2}$은 영(零)으로 떨

어지고 만다. 그러나 기차가 정거장에 가까워지면 속력은 줄어들고 이때는 속력이 점점 줄어드는 감속(減速, deceleration)이 되며

$\dfrac{dv}{dt}$의 값 즉 $\dfrac{d^2y}{dt^2}$의 값은 마이너스가 된다.

한 개의 물체를 가속시키려면 그 물체에 움직이게 하는 힘을 계속적으로 작용시켜야 한다. 어떤 물체를 가속시키는데 필요한 힘은 그 물체의 질량(m)에 비례하며, 또한 그 물체에 작용되고 있는 가속도에 비례한다. 그러므로 움직이게 하는 힘을 f라 하면 그들의 관계는 다음과 같다.

$$f = ma$$
$$f = m\frac{dv}{dt}$$
$$f = m\frac{d^2y}{dt^2}$$

움직이는 물체의 속도와 질량의 곱을 운동량(運動量, momentum)이라 하며 mv의 기호로 표시한다. 운동량을 시간에 관하여 미분하면 $\dfrac{d(mv)}{dt}$가 되며 이것은 운동량의 변화율이다. 그

러나 질량 m은 정해진 상수적인 양이기 때문에 $m\dfrac{dv}{dt}$로 쓸 수도

있으며, 이것은 위에서 말한 움직이게 하는 힘 f와 동일한 것이다. 바꾸어 말하면 힘은 질량에 가속도를 곱하여 표시할 수도 있고, 운동량의 변화율로도 표시할 수 있다.

어떤 힘이 어떤 물체에 작용되면 그 힘은 일을 하게 되며, 그

일의 크기(양)는 작용된 힘과 그 물체가 움직인 거리의 곱에 의해 측정된다. 그러므로 y라는 거리만큼 f라는 힘이 앞으로 작용해 간다면 물체에 작용한 일(w라 표시하자)은 다음과 같이 된다.

$$w = f \times y$$

여기서 f는 크기가 변하지 않은 일정한 크기의 것으로 생각하는 것이다. 만일 작용되는 힘이 y라는 거리의 어느 지점에서든지 그 크기가 변한다면 그 거리의 각 지점에서 작용하는 힘의 크기를 나타내는 수식을 구해야 한다. 그러면 이와 같이 힘의 크기가 변하고 있는 경우에 대하여 생각해 보자. 만약 dy는 거리의 아주 작은 부분적인 요소에 불과하므로 그에 따라서 일 자체도 아주 작은 부분적인 양만되었음이 분명하다. w를 물체에 작용한 일이라 하면 된 그 작은 부분적인 양의 일은 dw가 될 것이며

$$dw = f \times dy$$

가 되며 이것은 다음과 같이 표시할 수 있다.

$$dw = ma \times dy$$
$$dw = m\frac{d^2y}{dt^2} \cdot dy$$
$$dw = m\frac{dv}{dt} \cdot dy$$

이것들을 바꾸어 쓰면 $\dfrac{dw}{dy} = f$가 된다.

이것은 힘(force)의 세 번째 정의를 나타내고 있는데, 즉 어떤 방향으로든지 주어진 거리만큼 힘의 작용되면 그 힘의 크기는 단위 거리당 행해진 일의 변화율과 동일하다.

이 문장에서 율(rate)이란 말은 시간 개념에서 볼 때 분명하지 않다. 그러나 그 의미는 비율(ratio) 혹은 비례율(proportion)이라는 뜻이다.

라이프니츠(Leibniz)와 함께 미분법을 창안해 낸 아이작 뉴

xjs(Isaac Newton)은 변하고 있는 양을 모두 흐름(flowing)으로 생각했으며 오늘날 미분계수라고 불리는 비율을 그는 흐름을 혹은 문제가 되고 있는 양의 유율(流率, fluxion)이라고 했다.

그는 dy, dx, dt 등의 표기법을 사용하지 않았고(dy, dx, dt와 같은 표기들은 라이프니츠가 사용한 것이다) 그 대신에 그 나름대로의 부호를 사용했다. 만일 y가 변하고 있는 혹은 흐르고 있는 어떤 양일 때, 뉴턴은 그 변화율 혹은 유율을 $\dot{y}$라고 표시했다. 만일 x가 변할 때는 그 유율은 $\dot{x}$라고 표시했다. 이러한 경우 문자 y와 x의 상단에 있는 구두점은 y나 x가 미분되었다는 것을 의미한다. 그러나 이러한 표기는 어떤 것이 독립변수인지 종속변수인지는 말해주지 않는다. 그러나 $\dfrac{dy}{dt}$를 보면 t에 대하여 y가 미분되었다는 것을 알 수 있다. 그러나 $\dot{y}$만을 놓고 볼 때는, 전체 내용을 알지 못하면 $\dot{y}$가 $\dfrac{dy}{dx}$를 의미하는지 혹은 $\dfrac{dy}{dz}$ 또는 어떤 다른 변량의 미분계수인지를 알 수 없다.

그러므로 $\dot{y}$, $\dot{x}$와 같은 유율 표기법은 미분 표기법만큼 많은 의미를 나타내지 못하고 그런 이유 때문에 거의 사용되지 않게 되었다. 그러나 유율 표기법은 매우 간단하기 때문에 시간이 독립변수일 때에만 사용하기로 한다면 좋은 점도 있다. 이러한 경우 $\dot{y}$는 $\dfrac{dy}{dt}$라는 뜻이고 $\dot{u}$는 $\dfrac{du}{dt}$를 의미하고, $\ddot{x}$는 $\dfrac{d^2x}{dt^2}$를 나타낸다.

이러한 유율표기법을 사용하여 위에서 본 물리학적인 식들을 다음과 같이 표시할 수 있다.

거 리 x

속 도 $v = \dot{x}$

가속도 $a = \dot{v} = \ddot{x}$

힘 $\quad f = m\dot{v} = \ddot{x}$

일 $\quad w = x \times m\ddot{x}$

(예제)

(1) 어떤 물체가 움직여서 0이라는 지점에서 x(ft)의 거리만큼 이동하였다. 이때의 관계식은

$$x = 0.2t^2 + 10.4$$

이다. 여기에서 t는 초(sec)로 표시된 결과 시간이다. 속도를 구하라. 그리고 그 물체가 움직이기 시작한 5초 후의 가속도를 구하라. 또한 물체가 100ft(피트)의 거리를 움직였을 때의 속도와 가속도를 구하라. 그리고 움직이기 시작한 후부터 10초가 경과한 동안의 평균속도를 구하라(우측으로 움직인 거리와 우측으로 움직인 것에 (+)의 부호를 붙여 생각하자).

문제를 풀면 다음과 같다.

$$x = 0.2t^2 + 10.4$$
$$v = \dot{x} = \frac{dx}{dt} = 0.4t$$

그리고

$$a = \ddot{x} = \frac{d^2x}{dt} = 0.4 = 상수$$

여기에서 $t = 0$일 때 $x = 10.4$이며 $v = 0$이라는 지점에서 우측으로 10.4ft 떨어진 지점에서 물체가 움직이기 시작하며, 움직이기 시작한 순간부터 경과한 시간을 계산해 낼 수 있다. 풀이는 다음

과 같다.

$t = 5$일 때 $v = 0.4 \times 5 = 2 ft/\sec$
$\qquad\quad a = 0.4 ft/\sec^2$

$\qquad t = 100$일 때 $100 = 0.2t^2 + 10.4$

따라서 $t^2 = 448$

$\qquad t = 21.17 \sec$
$\qquad v = 0.4 \times 21.17 = 8.468 ft/\sec$

t=10일 때

$\qquad$ 움직인 거리 $= 0.2 \times 10^2 + 10.4 - 10.4 = 20 ft$

$\qquad$ 평균속도 $= \dfrac{20}{10} = 2 ft/\sec$

(여기에서 평균 속도는 총 경과 시간 10초 동안의 $\dfrac{1}{2}$에 해당하는 $t = 5$에서의 속도와 같다. 왜냐하면 가속도는 상수로서 일정하고 속도는 $t = 0$일 때 0에서 $t = 10$일 때 4ft/sec로 일정하게 변했기 때문이다.)

(2) 위의 문제 (1)에서 $x = 0.2t^2 + 3t + 10.4$라고 가정하면

$$v = \dot{x} = \frac{dx}{dt} = 0.4t + 3$$

$$a = \ddot{x} = \frac{d^2x}{dt^2} = 0.4 = 상수$$

$t = 0, x = 10.4$이면 $v = 3 ft/\sec$이다. 경과시간은 0지점으로부터 10.4ft 떨어진 지점을 물체가 통과하는 순간부터 잴 수 있으며 이때 물체의 속도는 이미 3ft/sec가 되어 있다. 움직이기 시작한 후부터 경과된 시간을 측정하려면 속도를 0으로 놓으면, 즉

$v=o$, 따라서 $0.4t+3=0, t=\dfrac{-3}{0.4}=-7.5\text{sec}$이 된다. 이러한 경우 물체의 움직임을 관찰하기 전에 물체는 이미 7.5초 동안 움직였던 것이다. 다시 말하면 관찰하기 7.5초 전에 물체가 움직이기 시작한 것이다. 움직이기 시작한 후 5초가 경과했을 때의 경우는 $t=-7.5+5=-2.5, v=0.4t+3=0.4\times(-2.5)+3=2ft/\text{sec}$이다.

$x=100ft$일 때에는 시간과 속도는 다음과 같다.

$$100=0.2t^2+3t+10.4$$
$$t^2+15t+448=0$$

$\therefore t=14.95\text{sec}$
$\therefore v=0.4\times14.95+3=8.98ft/\text{sec}$

움직이기 시작한 후 10초 동안 움직인 거리를 알기 위해서는 움직이기 시작할 때 그 물체가 원점에서 얼마나 떨어진 거리에 있는가를 알아야 한다.

$t=-7.5$일 때

$$x=0.2\times(-7.5)^2-3\times7.5+10.4=-0.85ft$$

즉 0지점으로부터 좌측으로 0.85ft 떨어진 위치에 있었다.

$t=2.5$일 때는

$$x=0.2\times(2.5)^2+3\times2.5+10.4=19.15ft$$

그러므로 10초 동안에 움직인 거리가 19.15+0.85=20ft가 되면 평균속도는 $\dfrac{20}{10}=2ft/\text{sec}$이다.

(3) 위의 경우와 유사한 문제로서 움직인 거리가

$$x=0.2t^2-3t+10.4$$

인 경우를 생각해 보자. 여기에서 $v=0.4t-3$, $a=0.4=$상수이다.

$t=0$일 때 $x=10.4$이며 예제 (2)의 경우와 동일하다. 그러나 속도 $t=-3$이며, 그러므로 예제 (2)의 경우와는 반대로 $t=0$일 때 물체는 반대 방향으로 움직이고 있었던 것이다. 그러나 가속도 는 양(+)의 값이므로 시간이 경과함에 따라 이 속도가 점점 감소 하여 어느 시간에는 0이 될 것이다. 속력이 0이 되면, 즉 $v=0$ 혹은 $0.4t-3=0$ 따라서 $t=+7.5$sec가 된다. 이 시간 이후로 속 도는 양(+)이 되고 움직이기 시작한 5초 후에는, 즉 $t=12.5$일 때 속도는

$$v=0.4\times12.5-3=2ft/\sec$$

가 된다.

$x=100$일 때는 시간과 속도는 다음과 같다.

$$100=0.2t^2-3t+10.4$$
$$t^2-15t-448=0$$
$$t=29.95$$
$$v=0.4\times29.95-3=8.98ft/\sec$$

속도가 0일 때, $x=0.2\times7.5^2-3\times7.5+10.4=-0.85$이며, 이러 한 값은 이 물체가 원점을 넘어 0.85ft 후방으로 움직여 갔다는 사실을 말해준다. 10sec 후에는 t=17.5이며

$$x=0.2\times(17.5)^2-3\times17.5+10.4=19.15$$

이다. 움직인 거리는 0.85+19.15=20.0ft이며, 평균속도는 마찬가 지로 2ft/sec이다.

(4) 역시 유사한 문제로서 움직인 거리가

$$x=0.2\times t^3-3t^2+10.4$$

인 경우를 생각해 보자.

이 경우 $v=0.6t^2-6t, a=1.2t-6$ 이때의 가속도는 상수가 아 니며 시간 t의 함수이다.

$t = 0$일 때 $x = 10.4, v = 0, a = -6$

즉 $t = 0$일 때 물체는 정지해 있고, 음(-)의 가속도로 움직일 찰나에 있는 것이다. 즉 원점을 향해 움직이며 속도가 증가하게 되는 것이다.

(5) $x = 0.2t^3 - 3t + 10.4$인 경우

$$v = 0.6t^2 - 3, \quad a = 1.2t$$

$$t = 0$$일 때 $x = 10.4, v = -3, a = 0$

이 경우 물체는 원점을 향해 3ft/sec의 속도로 움직이고 있으며 이 순간에 가속도는 0이므로 속도는 일정하다.

위의 경우들에서 보는 바와 같이 운동의 상태는 시간과 거리의 관계를 나타낸 함수식과 이 방정식의 1차 도함수 및 2차 도함수로써 알 수 있다. 위의 예제 (4)와 (5)의 경우 최초 10초 동안의 평균속도와 움직이기 시작하여 5초 후의 속도는 동일할 수가 없다. 가속도는 상수가 아니며 속도는 일정하게 증가하지 않기 때문이다.

(6) 바퀴가 회전할 때 라디안(radian)으로 표시되는 중심각 θ가 다음과 같을 때

$$\theta = 3 + 2t - 0.1t^3$$

t는 어떤 순간의 시간을 초(sec)로 표시한 것이다. 다음의 경우 각속도(angular velocity)ω와 각가속도(angualr acceleration) α를 구하라.

(a) 1초 후, (b) 한 바퀴를 회전했을 때 바퀴는 언제 정지하게 되는가? 그리고 정지할 때까지 이 바퀴는 몇 번이나 회전하였는

가?

$$\theta = 3 + 2t - 0.1t^3$$
$$\omega = \dot{\theta} = \frac{d\theta}{dt} = 2 - 0.3t^2$$

$$\alpha = \ddot{\theta} = \frac{d^2\theta}{dt^2} = -0.6t$$

$t = 0$일 때

$$\theta = 3, \omega = 2\,rad/\sec, \alpha = 0$$

$t = 1$일 때

$$\theta = 4.9, \omega = 2 - 0.3 = 1.7\,rad/\sec,$$
$$a = -0.6\,rad/\sec^2$$

이 경우 바퀴의 회전은 점점 느려진다. 한 바퀴 회전 후에는

$$\theta = 2\pi = 6.28, \ 6.28 = 3 + 2t - 0.1t^3$$

$\theta = 3 + 2t - 0.1t^3$의 그래프를 그려서 $\theta = 6.28$일 때 t의 값을 찾을 수 있는데, 이 t의 값은 $t = 2.11$과 $t = 3.03$이다(이때 음수가 되는 제 삼의 값이 있다).

$t = 2.11$일 때

$$\theta = 6.28, \omega = 2 - 1.34 = 0.66\,rad/\sec$$
$$\alpha = -1.27\,rad/\sec^2$$

$t = 3.03$일 때

$$\theta = 6.28, \omega = 2 - 2.754 = -0.754\,rad/\sec$$
$$\alpha = -1.82\,rad/\sec^2$$

이 두 경우 속도는 각기 반대가 되는데, 그러므로 바퀴가 정지하는 시간은 이 두 경우의 시간 사이에 있을 것이 틀림없다. 그리고 $\omega = 0$일 때 바퀴가 정지해 있는데, 이때 $0 = 2 - 0.3t^2$, $t = 2.58\sec$이며, 이때의 회전수는

$$\frac{\theta}{2\pi} = \frac{3 + 2 \times 2.58 - 0.1 \times 2.58^3}{6.28} = 1.025\,회전$$

◈ 연습문제 5 ◈ (해답 p.311)

(1) $y = a + bt^2 + ct^4$일 때 $\dfrac{dy}{dt}$와 $\dfrac{d^2y}{dt^2}$을 구하라.

(2) 자유낙하하고 있는 물체의 경우 시간(t)와 떨어진 거리(s, 단위ft)의 관계는 $s = 16t^2$으로 표시된다. s와 t의 관계를 나타내는 그래프를 그려라. 그리고 다음 시간에서 물체의 속도를 구하라.

$t = 2$초일 때, $t = 4.6$초일 때, $t = 0.01$초일 때

(3) $x = at - \dfrac{1}{2}gt^2$일 때 $\dot{x}$와 $\ddot{x}$를 구하라.

(4) 어떤 물체가 $s = 12 - 4.5t + 6.2t^2$의 관계로 움직일 경우 4초인 때의 속도와 움직인 거리 $s(ft)$를 구하라.

(5) (4)번 문제의 경우 가속도를 구하라. 가속도는 시간에 관계없이 일정한가?

(6) 바퀴가 회전할 때 중심각 θ(radian)가 시간 t와 다음과 같은 관계가 있을 때

$$\theta = 2.1 - 3.2t + 4.8t^2$$

1.5초 경과했을 때의 각속도(rad/sec)를 구하라. 각가속도를 구하라.

(7) 어떤 물체가 움직일 때 움직인 거리 s(inch)와 시간 t(sec)의 관계가 다음의 식으로 표시될 때

$$s = 6.8t^3 - 10.8t$$

속도와 가속도를 표시하라. 또 3초 후의 속도와 가속도를 구하라.

(8) 하늘로 올라가고 있는 풍선의 올라간 높이 h(mile)와 시간 t(sec)의 관계가 다음의 식으로 표시될 때

$$h = 0.5 + \frac{1}{10}\sqrt[3]{t - 125}$$

속도와 가속도를 구하라. 최초 10초 동안의 풍선의 높이, 속도, 가속도의 변화를 나타내는 그래프를 그려라.

(9) 물에 돌을 던져 돌이 물속으로 가라앉을 때 돌이 수면으로부터 가라앉는 깊이 p(meter)와 경과한 시간 t(sec)의 관계가 다음의 식으로 표시될 때

$$p = \frac{4}{4 + t^2} + 0.8t - 1$$

돌의 가라앉는 속도와 가속도를 구하라. 10초 후의 돌의 속도와 가속도를 구하라.

(10) 움직이는 물체의 움직인 거리 s와 움직인 시간 t의 관계가 $s = t^n$이다. 이때 n은 상수이다. 5초일 때에서 10초일 때까지 속도가 2배로 증가되었다. n의 값을 구하라. 10초 경과했을 때 속도와 가속도가 같은 값을 가진다면 이때 n의 값은 얼마인가?

9

변형시켜 푸는 법

우리는 복잡한 미분 문제를 만나면 가끔 어리둥절하게 된다. 그러므로 식 $y = (x^2 + a^2)^{\frac{3}{2}}$와 같은 문제들은 초심자들에게는 매우 까다롭게 보인다. 그러나 교묘하게 변형시켜 풀어보면 다음과 같이 된다. 간단한 부호를 사용하여 $x^2 + a^2$를 u라고 놓으면

$$y = (x^2 + a^2)^{\frac{3}{2}}$$

은

$$y = u^{\frac{3}{2}}$$

이 되며 이러한 형태의 식은 쉽게 미분할 수 있다. 즉

$$\frac{dy}{du} = \frac{3}{2} u^{\frac{1}{2}}$$

그리고 이어서 $u = x^2 + a^2$이라는 식을 x에 대해 미분하면

$$\frac{du}{dx} = 2x$$

가 되며, 다음에는 이 결과들을 아래와 같이 쉽게 정리할 수 있다.

$$\frac{dy}{dx} = \frac{dy}{du} \times \frac{du}{dx}$$

$$\frac{dy}{dx} = \frac{3}{2} \times u^{\frac{1}{2}} \times 2x$$

$$= \frac{3}{2}(x^2 + a^2)^{\frac{1}{2}} \times 2x$$

$$= 3x(x^2 + a^2)^{\frac{1}{2}}$$

이러한 방법을 써서 점차로 삼각함수나 지수함수의 미분 방법 들도 배우게 되고, 이 교묘하게 변형시켜 푸는 방법이 매우 유용 하다는 것을 알게 된다.

(예제)

(1) $y = \sqrt{a+x}$ 를 미분하라.

$u = a + x$ 로 놓으면

$$\frac{du}{dx} = 1, \quad y = u^{\frac{1}{2}}, \quad \frac{dy}{du} = \frac{1}{2}u^{-\frac{1}{2}} = \frac{1}{2}(a+x)^{-\frac{1}{2}}$$

$$\frac{dy}{dx} = \frac{dy}{du} \times \frac{du}{dx} = \frac{1}{2\sqrt{a+x}}$$

(2) $y = \dfrac{1}{\sqrt{a+x^2}}$ 를 미분하라.

$u = a + x^2$ 로 놓으면

$$\frac{du}{dx} = 2x, \quad y + u^{-\frac{1}{2}}, \quad \frac{dy}{du} = -\frac{1}{2}u^{-\frac{3}{2}}$$

$$\frac{dy}{dx} = \frac{du}{dx} \times \frac{dy}{du} = -\frac{x}{\sqrt{(a+x^2)^3}}$$

(3) $y = (m - nx^{\frac{2}{3}} + \dfrac{p}{x^{\frac{4}{3}}})^a$를 미분하라.

$u = m - nx^{\frac{2}{3}} + px^{-\frac{4}{3}}$으로 놓으면

$$\frac{du}{dx} = -\frac{2}{3}nx^{-\frac{1}{3}} - \frac{4}{3}px^{-\frac{7}{3}}$$

$$y = u^a, \frac{dy}{du} = au^{a-1}$$

$$\frac{dy}{dx} = \frac{dy}{du} \times \frac{du}{dx}$$

$$= -a(m - nx^{\frac{2}{3}} + \frac{p}{x^{\frac{4}{3}}})^{a-1}(\frac{2}{3}nx^{-\frac{1}{3}} + \frac{4}{3}px^{-\frac{7}{3}})$$

(4) $y = \dfrac{1}{\sqrt{x^3 - a^2}}$를 미분하라.

$u = x^3 - a^2$으로 놓으면

$$\frac{du}{dx} = 3x^2, \ y = u^{-\frac{1}{2}}, \ \frac{dy}{du} = -\frac{1}{2}(x^3 - a^2)^{-\frac{3}{2}}$$

$$\frac{dy}{dx} = \frac{dy}{du} \times \frac{du}{dx} = -\frac{3x^2}{2\sqrt{(x^3 - a^2)^3}}$$

(5) $y = \sqrt{\dfrac{1-x}{1+x}}$를 미분하라.

위의 식을 바꾸어 쓰면

$$y = \frac{(1-x)^{\frac{1}{2}}}{(1+x)^{\frac{1}{2}}}$$

$$\frac{dy}{dx} = \frac{(1+x)^{\frac{1}{2}}\dfrac{d(1-x)^{\frac{1}{2}}}{dx} - (1-x)^{\frac{1}{2}}\dfrac{d(1+x)^{\frac{1}{2}}}{dx}}{1+x}$$

(이러한 방법으로 풀지 않고 위의 식을 $y = (1-x)^{\frac{1}{2}}(1+x)^{-\frac{1}{2}}$ 의 모양으로 바꾸어 미분할 수도 있다)

위의 식을 예제 (1)과 같은 방법으로 풀면

$$\frac{d(1-x)^{\frac{1}{2}}}{dx} = -\frac{1}{2\sqrt{1-x}}, \quad \frac{d(1+x)^{\frac{1}{2}}}{dx} = \frac{1}{2\sqrt{1+x}}$$

$$\frac{dy}{dx} = -\frac{(1+x)^{\frac{1}{2}}}{2(1+x)\sqrt{1-x}} - \frac{(1-x)^{\frac{1}{2}}}{2(1+x)\sqrt{1+x}}$$

$$= -\frac{1}{2\sqrt{1+x}\sqrt{1-x}} - \frac{\sqrt{1-x}}{2\sqrt{(1+x)^3}},$$

$$\frac{dy}{dx} = -\frac{1}{(1+x)\sqrt{1-x^2}}$$

(6) $y = \sqrt{\dfrac{x^3}{1+x^2}}$ 을 미분하라.

이 식은 고쳐 쓰면

$$y = x^{\frac{3}{2}}(1+x^2)^{-\frac{1}{2}} \text{ 이 되며}$$

$$\frac{dy}{dx} = \frac{3}{2}x^{\frac{1}{2}}(1+x^2)^{-\frac{1}{2}} + x^{\frac{3}{2}} \times \frac{d[(1+x^2)^{-\frac{1}{2}}]}{dx}$$

위의 예제 (2)와 같이 $(1+x^2)^{-\frac{1}{2}}$를 미분하면

$$\frac{d[(1+x^2)^{-\frac{1}{2}}]}{dx}=-\frac{x}{\sqrt{(1+x^2)^3}}$$

$$\frac{dy}{dx}=\frac{3\sqrt{x}}{2\sqrt{1+x^2}}-\frac{\sqrt{x^5}}{\sqrt{(1+x^2)^3}}=\frac{\sqrt{x}\,(3+x^2)}{2\sqrt{(1+x^2)^3}}$$

(7) $y=(x+\sqrt{x^2+x+a}\,)^3$을 미분하라.

$u=x+\sqrt{x^2+x+a}$ 로 놓으면

$$\frac{du}{dx}=1+\frac{d[(x^2+x+a)^{\frac{1}{2}}]}{dx}$$

$$y=u^3,\ \frac{dy}{du}=3u^2=3(x+\sqrt{x^2+x+a}\,)^2$$

$v=(x^2+x+a)^{\frac{1}{2}},\ \omega=(x^2+x+a)$로 놓으면

$$\frac{d\omega}{dx}=2x+1,v=\omega^{\frac{1}{2}},\frac{dv}{d\omega}=\frac{1}{2}\omega^{-\frac{1}{2}}$$

$$\frac{dv}{dx}=\frac{dv}{d\omega}\times\frac{d\omega}{dx}=\frac{1}{2}(x^2+x+a)^{-\frac{1}{2}}(2x+1)$$

그러므로

$$\frac{du}{dx}=1+\frac{2x+1}{2\sqrt{x^2+x+a}}$$

$$\frac{dy}{dx}=\frac{dy}{du}\times\frac{du}{dx}$$

$$=3(x+\sqrt{x^2+x+a}\,)^2(1+\frac{2x+1}{2\sqrt{x^2+x+a}})$$

(8) $y=\sqrt{\dfrac{a^2+x^2}{a^2-x^2}}\ \sqrt[3]{\dfrac{a^2-x^2}{a^2+x^2}}$ 을 미분하라.

$$y=\frac{(a^2+x^2)^{\frac{1}{2}}(a^2-x^2)^{\frac{1}{3}}}{(a^2-x^2)^{\frac{1}{2}}(a^2+x^2)^{\frac{1}{3}}}=(a^2+x^2)^{\frac{1}{6}}(a^2-x^2)^{-\frac{1}{6}}$$

$$\frac{dy}{dx}=(a^2+x^2)^{\frac{1}{6}}\frac{d[(a^2-x^2)^{-\frac{1}{6}}]}{dx}+\frac{d[(a^2+x^2)^{\frac{1}{6}}]}{(a^2-x^2)^{\frac{1}{6}}dx}$$

$u=(a^2-x^2)^{-\frac{1}{6}},\ v=(a^2-x^2)$로 놓으면

$$u=v^{-\frac{1}{6}},\ \frac{du}{dv}=-\frac{1}{6}v^{-\frac{7}{6}},\ \frac{dv}{dx}=-2x$$

$$\frac{du}{dx}=\frac{du}{dv}\times\frac{dv}{dx}=\frac{1}{3}x(a^2-x^2)^{-\frac{7}{6}}$$

$w=(a^2+x^2)^{\frac{1}{6}},\ z=(a^2+x^2)$로 놓으면

$$w=z^{\frac{1}{6}},\ \frac{dw}{dz}=\frac{1}{6}z^{-\frac{5}{6}},\ \frac{dz}{dx}=2x$$

$$\frac{dw}{dx}=\frac{dw}{dz}\times\frac{dz}{dx}=\frac{1}{3}x(a^2+x^2)^{-\frac{5}{6}}$$

그러므로

$$\frac{dy}{dx}=(a^2+x^2)^{\frac{1}{6}}\frac{x}{3(a^2-x^2)^{\frac{7}{6}}}+\frac{x}{3(a^2-x^2)^{\frac{1}{6}}(a^2+x^2)^{\frac{5}{6}}}$$

$$\frac{dy}{dx}=\frac{x}{3}\left[\sqrt[6]{\frac{(a^2+x^2)}{(a^2-x^2)^7}}+\frac{1}{\sqrt[6]{(a^2-x^2)(a^2+x^2)^5}}\right]$$

(9) y^5에 대한 y^n을 미분하라.

$$\frac{d(y^n)}{d(y^5)} = \frac{ny^{n-1}}{5y^{5-1}} = \frac{n}{5}y^{n-5}$$

(10) $y = \frac{x}{b}\sqrt{(a-x)x}$의 1차와 2차 미분계수를 구하라.

$$\frac{dy}{dx} = \frac{x}{b}\frac{d\left\{[(a-x)x]^{\frac{1}{2}}\right\}}{dx} + \frac{\sqrt{(a-x)x}}{b}$$

$u = [(a-x)x]^{\frac{1}{2}}$, $w = (a-x)x$라고 하면, $u = w^{\frac{1}{2}}$

$$\frac{du}{dw} = \frac{1}{2}w^{-\frac{1}{2}} = \frac{1}{2w^{\frac{1}{2}}} = \frac{1}{2\sqrt{(a-x)x}}$$

$$\frac{dw}{dx} = a - 2x$$

$$\frac{du}{dw} \times \frac{dw}{dx} = \frac{du}{dx} = \frac{a-2x}{2\sqrt{(a-x)x}}$$

그러면

$$\frac{dy}{dx} = \frac{x(a-2x)}{2b\sqrt{(a-x)x}} + \frac{\sqrt{(a-x)x}}{b} = \frac{x(3a-4x)}{2b\sqrt{(a-x)x}}$$

$$\frac{d^2y}{dx^2} = \frac{2b\sqrt{(a-x)x}\,(3a-8x) - \dfrac{(3ax-4x^2)b(a-2x)}{\sqrt{(a-x)x}}}{4b^2(a-x)x}$$

$$= \frac{3a^2 - 12ax + 8x^2}{4b(a-x)\sqrt{(a-x)x}}$$

(이 문제의 미분계수들은 연습문제 10의 (11)번 문제풀이에 도움이 된다)

◈ 연습문제 6 ◈ (해답 p.312)

※다음을 미분하라.

(1) $y = \sqrt{x^2 + 1}$

(2) $y = \sqrt{x^2 + a^2}$

(3) $y = \dfrac{1}{\sqrt{a+x}}$

(4) $y = \dfrac{a}{\sqrt{a-x^2}}$

(5) $y = \dfrac{\sqrt{x^2 - a^2}}{x^2}$

(6) $y = \dfrac{\sqrt[3]{x^4 + a}}{\sqrt[2]{x^3 + a}}$

(7) $y = \dfrac{a^2 + x^2}{(a+x)^2}$

(8) y^2에 대한 y^5를 미분하라.

(9) $y = \dfrac{\sqrt{1-\theta^2}}{1-\theta}$를 미분하라.

복잡한 방정식을 미분할 경우 셋 또는 그 이상의 미분계수들을 사용하여 문제를 풀 수 있는데, 즉 $\dfrac{dy}{dx} = \dfrac{dy}{dz} \times \dfrac{dz}{dv} \times \dfrac{dv}{dx}$와 같은 방법이다.

(예제)

(1) $z = 3x^4$, $v = \dfrac{7}{z^2}$, $y = \sqrt{1+v}$ 일 때 $\dfrac{dy}{dx}$를 구하라.

각각의 미분계수를 구하면

$$\frac{dy}{dv} = \frac{1}{2\sqrt{1+v}}, \quad \frac{dv}{dz} = -\frac{14}{z^3}, \quad \frac{dz}{dx} = 12x^3$$

$$\frac{dy}{dx} = -\frac{168x^3}{(2\sqrt{1+v})z^3} = -\frac{28}{3x^5\sqrt{9x^8+7}}$$

(2) $t = \dfrac{1}{5\sqrt{\theta}}$, $x = t^3 + \dfrac{t}{2}$, $v = \dfrac{7x^2}{\sqrt[3]{x-1}}$ 일 때 $\dfrac{dv}{d\theta}$ 를 구하라.

$$\frac{dv}{dx} = \frac{7x(5x-6)}{3\sqrt[3]{(x-1)^4}},\ \frac{dx}{dt} = 3t^2 + \frac{1}{2},$$

$$\frac{dt}{d\theta} = -\frac{1}{10\sqrt{\theta^3}}$$

$$\frac{dv}{d\theta} = -\frac{7x(5x-6)(3t^2+\dfrac{1}{2})}{30\sqrt[3]{(x-1)^4}\sqrt{\theta^3}}$$

이 미분계수에 x 및 t의 값을 차례로 넣어 θ의 함수가 되게 하라.

(3) $\theta = \dfrac{3a^2x}{\sqrt{x^3}}$, $w = \dfrac{\sqrt{1-\theta^2}}{1+\theta}$, $\Phi = \sqrt{3} - \dfrac{1}{w\sqrt{2}}$ 일 때 $\dfrac{d\Phi}{dx}$ 를 구하라.

여기에서 $\theta = 3a^2x^{-\frac{1}{2}}$, $w = \sqrt{\dfrac{1-\theta}{1+\theta}}$, $\Phi = \sqrt{3} - \dfrac{1}{\sqrt{2}}w^{-1}$

(82페이지 예제 (5)참조)

$$\frac{d\theta}{dx} = -\frac{3a^2}{2\sqrt{x^3}},\ \frac{dw}{d\theta} = -\frac{1}{(1+\theta)\sqrt{1-\theta^2}},\ \frac{d\Phi}{dw} = \frac{1}{\sqrt{2}\,w^2}$$

$$\frac{d\Phi}{dx} = \frac{1}{\sqrt{2}\times w^2} \times \frac{1}{(1+\theta)\sqrt{1-\theta^2}} \times \frac{3a^2}{2\sqrt{x^3}}$$

이 미분계수에 w의 값을 넣어 보고, 다시 θ의 값을 넣어 보아라.

◈ 연습문제 7 ◈ (해답 p.312)

※ 다음을 미분하라.

(1) $u = \dfrac{1}{2}x^3$, $v = 3(u+u^2)$, $w = \dfrac{1}{v^2}$ 일 때 $\dfrac{dw}{dx}$ 를 구하라.

(2) $y = 3x^2 + \sqrt{2}$, $z = \sqrt{1+y}$, $v = \dfrac{1}{\sqrt{3}+4z}$ 일 때 $\dfrac{dv}{dx}$ 를 구하라.

(3) $y = \dfrac{x^3}{\sqrt{3}}$, $z = (1+y)^2$, $u = \dfrac{1}{\sqrt{1+z}}$ 일 때 $\dfrac{du}{dx}$ 를 구하라.

※ 다음의 문제들은 그다지 쉽지 않은 것이다. 14장과 15장(페이지 146~188)을 마친 후에 풀어 보라.

(4) $y = 2a^3\log_e u - u(5a^2 - 2au + \dfrac{1}{3}u^2)$, $u = a + x$ 일 때

$\dfrac{dy}{dx} = \dfrac{x^2(a-x)}{a+x}$ 임을 풀어라.

(5) 곡선 $x = a(\theta - \sin\theta)$, $y = a(1-\cos\theta)$ 에서 $\dfrac{dx}{d\theta}$ 와 $\dfrac{dy}{d\theta}$ 를 구하라. 그리고 $\dfrac{dy}{dx}$ 를 구하라.

(6) 곡선 $x = a\cos^3\theta$, $y = a\sin^3\theta$ 에서 $\dfrac{dx}{d\theta}$ 와 $\dfrac{dy}{dx}$ 를 구하라. 그리고 $\dfrac{dy}{dx}$ 를 구하라.

(7) $y = \log_e \sin(x^2 - a^2)$ 에서 가장 간단한 모양의 $\dfrac{dy}{dx}$ 를 구하라.

(8) $u = x + y$, $4x = 2u - \log_e(2u-1)$ 일 때 $\dfrac{dy}{dx} = \dfrac{x+y}{x+y-1}$ 임을 풀어라.

88

10
미분의 기하학적 의무

미분계수(differential coefficient)가 어떠한 기하학적인 의미를 가지는가를 생각해 보는 것은 중요하다.

우선 x에 관한 어떤 함수, 예를 들면 x^2, $\sqrt{x}$, $ax+b$와 같은 함수들은 누구든지 쉽게 그래프를 그려 도표화할 수 있다.

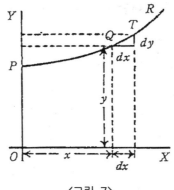

〈그림 7〉

〈그림 7〉에서 PQR은 직교좌표, OX, OY위에 그린 곡선의 일부이다. 여기에서 이 곡선 위에 있는 한 점 Q는 횡좌표가 x, 종좌표가 y가 되는데 이 점 Q에 대하여 생각해 보자. 우선 x가 변할 때 y가 어떻게 변하는가를 살펴보자. 만약 x가 오른쪽으로 dx만큼 증가를 하면 y도 역시 dy만큼의 작은 증가를 한다. 왜냐 하면 이 그래프의 곡선은 오른쪽으로 증가해 가는 곡선이기 때문

이다. 그리고 두 점 Q와 T 사이에 있어서 그 곡선의 기울기는 dx에 대한 dy의 비로써 측정할 수가 있다. 사실상 그림에서 보는 바와 같이 Q와 T 사이의 곡선은 각각의 위치에서 값이 다른 기울기가 무수히 존재하기 때문에 Q와 T 사이에 놓인 곡선의 기울기는 쉽게 이야기할 수 없다. 그러나 만약 Q와 T가 아주 가깝게 있어서 곡선 QT의 길이가 거의 직선이 된다면 $\frac{dy}{dx}$의 비는 곡선 QT의 기울기(slope)가 된다고 말할 수 있다. 직선 QT가 한없이 작아지면 이 직선은 실제로는 곡선 PQR과 어느 한 점에서 만나게 되며, 그러므로 직선 QT는 이 곡선의 탄젠트(tangent)가 된다.

곡선에 대한 tangent는 QT의 기울기와 동일하며, 그러므로 $\frac{dy}{dx}$는 Q점에서 곡선에 대한 tangent의 기울기이다.

「곡선의 기울기」라는 표현은 명확하지가 않다. 왜냐하면 한 곡선은 각 지점에서 각기 다른 기울기를 갖게 되므로 한 곡선은 실제로 무한히 많은 기울기를 갖기 때문이다. 그러므로 「주어진 지점에서의 곡선의 기울기」라는 것이 완전한 표현이며, 이것은 그 점에 위치한 곡선의 아주 작은 부분의 기울기인 것이다. 즉 「곡선상의 그 점에서 tangent의 값」인 것이다. 수학책들의 경우 그 점에서의 접선(tangent line)의 기울기라고 표시하고 있다.

이 때 dx는 우측으로의 아주 작은 크기의 증분(증가한 양)이며 dy는 위쪽으로의 아주 작은 증분이다. 이러한 dx, dy 같은 증분의 크기는 가능한 한 아주 작게 생각해야 하며 사실상 무한히 작은 크기인 것이다. 그러나 그림에서는 너무 작게 그리면 눈에 보이지 않으므로 아주 작게 그리지 않았을 따름이다.

이후부터 $\frac{dy}{dx}$는 곡선 사이의 임의의 점에서의 tangent의 값을 나타낸다는 것을 보편적으로 사용할 것이다. (수학책들의 경우는

$\dfrac{dy}{dx}$를 도함수(derivative)라고 표시하고 있다)

그리고 x축에 대하여 θ라는 각도의 기울기(slope)라는 말은 곡선상 임의의 점에서 tangent로 정의하고, $\dfrac{dy}{dx}$는 $\tan\theta$와 같은 것이지만 곡선 위 어떤 주어진 점에서의 접선의 기울기(gradient)라고 정의한다.

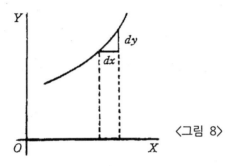

〈그림 8〉

어떤 특정한 점에서 한 곡선의 기울기가 45°라면 〈그림 8〉에서 보는 바와 같이 dy와 dx는 같은 크기의 증분이며 그 값은 $\dfrac{dy}{dx}$=1이 된다. 만일 그 곡선의 기울기가 45°보다 더 커지면 〈그림 9〉 $\dfrac{dy}{dx}$=1보다 큰 값이 될 것이다. 〈그림 10〉의 경우와 같

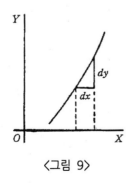

〈그림 9〉

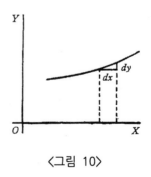

〈그림 10〉

이 곡선이 완만할 때는 $\frac{dy}{dx}$는 1보다 훨씬 작은 값이 된다.

x축과 나란한 직선의 경우 $dy=0$이 되므로 $\frac{dy}{dx}=0$이 된다.

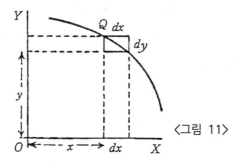

〈그림 11〉

〈그림 11〉의 경우와 같이 곡선이 아래로 처져서 경사가 생길 때 dy는 한 단계 밑으로 내려가게 되며 (−)의 값을 가지게 되어 $\frac{dy}{dx}$ 역시 (−)부호를 갖게 된다.

곡선이 아니고 직선인 경우 〈그림 12〉 $\frac{dy}{dx}$의 값은 직선상의 어느 점에서나 모두 같다. 즉 기울기는 상수가 된다.

곡선이 우측으로 가며 위쪽으로 점점 휘어지는 곡선은 〈그림 13〉 $\frac{dy}{dx}$의 값이 우측으로 갈수록 점점 커지게 된다.

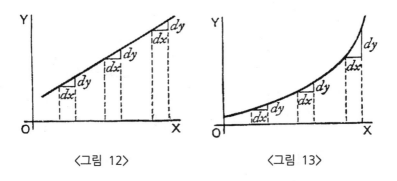

〈그림 12〉   〈그림 13〉

92

우측으로 갈수록 점차 평평해지는 곡선 〈그림 14〉은 $\frac{dy}{dx}$의 값은 점점 작아지게 된다.

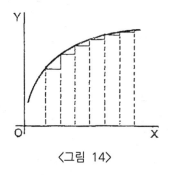

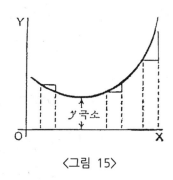

〈그림 14〉   〈그림 15〉

처음에는 밑으로 내려가다가 다시 위로 올라가는 곡선〈그림 15〉, 즉 곡선이 위로 오목한 경우(concave upward) $\frac{dy}{dx}$의 값이 처음에는 (−)가 되면 점점 작아진다. 곡선의 오목한 밑부분의 점에서는 $\frac{dy}{dx}$의 값이 0이 되며, 이 점 이후부터는 (+)의 값으로서 점점 커지게 된다. 이러한 경우 y는 극소(minimum)를 지닌다고 한다. y의 최소값(minimum value)은 반드시 y의 값들 중 가장 작은 값이 아니며, 그 곡선의 오목한 밑부분에 해당하는 값이다. 예를 들면 〈그림 28〉(112페이지)에서 보는 바와 같이 오목한 밑부분에 해당하는 y의 값은 1이며, y의 값은 다른 곳에서 1보다 더 작은 값을 가진다.

그러므로 극소(minimum)의 특징은 y의 값이 그 점을 기점으로 하여 좌우 양쪽으로 증가할 수 있어야 한다. 그리고 y를 극소(minimum)로 정해주는 x의 특정한 값에서 $\frac{dy}{dx}$=0이 된다.

어떤 곡선이 처음에는 올라가다가 다음에는 내려오는 경우 즉

93

아래로 오목한(concave downward) 경우, $\frac{dy}{dx}$의 값은 처음에는 (+)였다가 점점 감소하여 오목한 꼭대기에서는 0이 되며 그 후로 곡선이 아래로 향하여 내려오면 $\frac{dy}{dx}$의 값이 (-)가 된다〈그림 16〉.

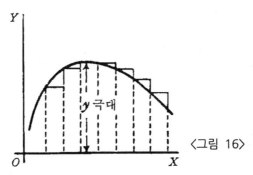

〈그림 16〉

이러한 경우 y는 극대(maximum)가 된다고 한다. 그러나 y의 극대값(maximum value)은 반드시 y의 가장 큰 값은 아니다. 〈그림 28〉에서 보는 바와 같이 y의 극대값은 $2\frac{1}{3}$이지만 이 값은 이 곡선상의 다른 점들 위에서 y가 가질 수 있는 가장 큰 값은 물론 될 수 없는 것이다. 그리고 y를 극대(maximum)로 정해주는 x의 특정한 값에서 $\frac{dy}{dx}$=0이다.

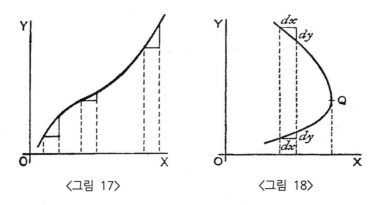

〈그림 17〉   〈그림 18〉

〈그림 17〉과 같은 모양의 곡선은 언제나 $\frac{dy}{dx}$의 값이 (+)가 되지만, 이 곡선의 기울기가 가장 작은 어떤 점이 있는데, 이곳에서 $\frac{dy}{dx}$의 값은 극소가 된다. 즉 다른 어느 점들에서 보다 $\frac{dy}{dx}$는 가장 작은 값을 가지게 된다. 그리고 〈그림 18〉과 같은 모양의 곡선에서는 $\frac{dy}{dx}$의 값이 Q이상의 부분에서는 (−)가 되고, Q이하의 부분에서는 (+)가 된다. 그러나 Q에서는 $\frac{dy}{dx}$는 x축에 수직이며 $\frac{dy}{dx}$의 값이 무한히 크다.

이상에서 보는 바와 같이 $\frac{dy}{dx}$는 곡선상의 어느 지점에서의 기울기를 나타낸다. 이러한 점을 감안하여 우리가 이미 미분하는 법을 배운 몇 개의 방정식에서 실제의 예를 들어보자.

(1) 가장 간단한 경우로서 $y = x + b$를 생각해 보자.

x축과 y축을 동일한 크기로 잡아 그림을 그리면 〈그림 19〉와 같다. $x = 0$일 때 대응하는 y축의 값은 즉 $y = b$가 되면 그래프 직선은 높이 b에서 45°의 각도로 올라가며, x의 어떤 값을 넣어도 이에 대응되는 y의 값과 동일하다. 즉 이 직선은 1대 1이라는 기울기(gradient)를 가진다.

그러면 이번에는 $y = x + b$를 미분해 보면 4장에서 배운 바와 같이 $\frac{dy}{dx} = 1$을 얻게 된다.

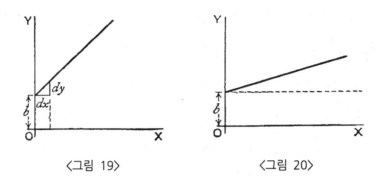

<그림 19>   <그림 20>

이 직선의 기울기는 x의 값이 우측으로 dx라는 아주 작은 증분에 대하여 같은 크기의 y의 증분 dy를 위쪽으로 하게 된다. 즉 이 직선의 기울기는 변하지 않는 상수이며 언제나 같은 기울기다.

(2) $y = ax + b$라는 다른 예를 들어보자.

이 직선 역시 위의 직선과 마찬가지로 y축의 b높이에서 출발한다. 그러나 그래프를 그리기 전에, 우선 미분을 하여 이 직선의 기울기를 구해보면, $\frac{dy}{dx}$=a이다. 기울기는 상수이며 tangent의 값은 a가 된다. a라는 상수에 $\frac{1}{3}$이라는 수를 대입시켜 보자. 그러면 3단위 우측으로 이동할 때 1단위로 위로 올라가게 된다. 즉 dx는 dy의 3배가 되며 〈그림 21〉에 표시된 것과 같다.

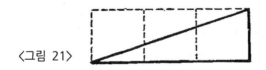

〈그림 21〉

(3) 보다 힘든 경우로서 $y = ax^2 + b$를 생각해 보자.

이 곡선 역시 y축의 b높이에서 출발한다. 미분을 한다. (만일 미분하는 법을 잊어버렸으면 31페이지를 보라. 그러나 가능하면 앞으로 다시 돌아가지 말고 미분을 곰곰이 생각해 보자.)

$$\frac{dy}{dx} = 2ax$$

이 미분계수를 보면 곡선의 기울기가 상수가 아님을 알 수 있으며 x가 증가함에 따라 기울기도 증가함을 알 수 있다. 〈그림 22〉에서 볼 때 $x = 0$이 되는 y의 절편 p에서 기울기는 0이 되며 곡선은 즉 직선이 된다.

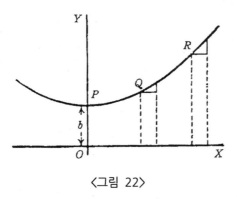

〈그림 22〉

점 p에서 x의 값이 (-)가 되는 좌측으로 가면 갈수록 $\frac{dy}{dx}$는 (-)의 값을 가진다.

이러한 경우를 실제로 예를 들어서 설명해 보자.

$$y = \frac{1}{4}x^2 + 3의 \ 경우$$

미분을 하면 $\frac{dy}{dx} = \frac{1}{2}x$가 된다.

0에서 5까지 x의 값을 $y = \dfrac{1}{4}x^2 + 3$식에 넣어 이에 대응하는 y의 값을 계산해 보고, 다음에는 $\dfrac{dy}{dx} = \dfrac{1}{2}x$에 넣어 계산해 보자. 결과는 다음의 표와 같다.

x	0	1	2	3	4	5
y	3	$3\dfrac{1}{4}$	4	$5\dfrac{1}{4}$	7	$9\dfrac{1}{4}$
$\dfrac{dy}{dx}$	0	$\dfrac{1}{2}$	1	$1\dfrac{1}{2}$	2	$2\dfrac{1}{2}$

이 표에 의해 그래프를 그리면 〈그림 23〉과 〈그림 24〉와 같이 되는데 〈그림 23〉에는 x값에 대한 y의 값을 그렸으며, 〈그림 24〉에는 x값에 대한 $\dfrac{dy}{dx}$의 값을 그렸다.

〈그림 24〉에서 볼 때 x에 어떠한 값을 대입하여도 이에 대응하는 y축의 높이는 〈그림 23〉곡선의 기울기에 비례함을 알 수 있다.

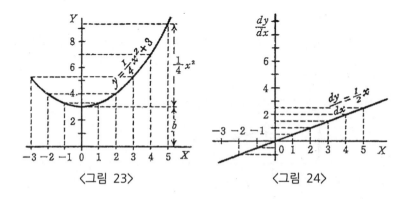

〈그림 23〉   〈그림 24〉

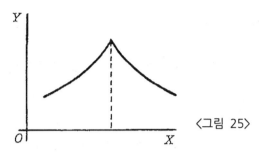

〈그림 25〉

〈그림 25〉와 같이 곡선의 기울기가 급격히 변하는 첨곡선(尖曲線, cusp)의 경우 맨 위의 꼭대기 점에서 곡선의 기울기는 갑자기 바뀌게 되며 $\dfrac{dy}{dx}$는 (+)에서 (−)로 부호가 갑자기 바뀐다.

다음의 예들은 위에서 설명한 원리들의 응용을 한층 잘 보여준다.

(4) $y = \dfrac{1}{2x} + 3$ 곡선의 경우 $x = -1$인 점에서 접선의 기울기(tangent)를 구하라. 또한 이 접선과 곡선 $y = 2x^2 + 2$가 교차되어 이루는 각도를 구하라.

접선의 기울기는 서로 교차되어 만나는 어떤 점에서의 곡선의 기울기이다(89-91페이지 참조). 즉, 그 점에서의 곡선의 $\dfrac{dy}{dx}$인 것이다. 여기에서 볼 때 $\dfrac{dy}{dx} = -\dfrac{1}{2x^2}$이며, $x = -1$일 때 $\dfrac{dy}{dx} = -\dfrac{1}{2}$이 되며 이것은 그 점($x = -1$)에서의 접선 및 그 곡선의 기울기인 것이다. 접선은 직선이므로 $y = ax + b$형태의 방정식을 가지며, 이러한 경우 기울기는 $\dfrac{dy}{dx} = a$가 되며, 그러므로 $a = \dfrac{1}{2}$이다. 또한 $x = -1$이면 $y = \dfrac{1}{2(-1)} + 3 = 2\dfrac{1}{2}$이 되며, 접선이 이점을 지날 때 그 점의 좌표는 접선의 식을 만족시켜야만 한다. 즉

99

$$y = -\frac{1}{2}x + b$$

그러므로 $2\frac{1}{2} = -\frac{1}{2}(-1) + b$가 되며 $b = 2$, 결국 접선의 방정식은

$y = -\frac{1}{2}x + 2$가 된다.

두 곡선이 만나면 만나는 점은 두 곡선을 동시에 만족시키는 점이며 이 점의 좌표는 두 곡선 중 어느 한 곡선의 식을 만족시켜야만 한다. 다시 말하면 두 곡선의 식을 같이 대응시켰을 때 생기는 방정식의 해(solution)가 되어야 한다. 해에 의하여 주어진 점에서 두 곡선이 만나면

$$y = 2x^2 + 2$$
$$y = -\frac{1}{2}x + 2$$

이며, 한편으로는 $2x^2 + 2 = -\frac{1}{2}x + 2$가 되며 결국은 $x(2x + \frac{1}{2}) = 0$

이 된다. 이 식의 해는 $x = 0$과 $x = -\frac{1}{4}$이 된다.

그리고 $y = 2x^2 + 2$ 곡선의 기울기는 어느 점에서든지

$$\frac{dy}{dx} = 4x$$

가 된다.

$x = 0$인 점에서 기울기는 0이며, 곡선은 수평이다. 그러나 $x = -\frac{1}{4}$인 점에서는 $\frac{dy}{dx} = -1$이며 이 점에서 기울기는 우측으로 갈수록 내려가며 $\tan\theta = 1$이 되는 θ의 각으로 수평선과 만나게 되는데, 이때 θ는 $45°$가 된다.

여기에서 직선의 기울기는 $-\frac{1}{2}$, 즉 기울기는 우측으로 갈수록

내려가며 수평선과 Φ라는 각도를 이루는데, $\tan\Phi = \dfrac{1}{2}$이 되며 이 때 Φ는 26° 34'의 각도로 만나며, 두 번째 점에서는 45° -26° 34'=18° 26'의 각도로 만난다.

(5) 곡선 $y = x^2 - 5x + 6$의 기울기가 $x = 2$, $y = -1$의 좌표를 지나가도록 직선을 그었다. 이 직선과 곡선이 만나는 점의 좌표를 구하라.

이 곡선의 기울기는 $\dfrac{dy}{dx}$가 되어야 하며 $\dfrac{dy}{dx} = a = 2x - 5$, 직선의 식을 $y = ax + b$라고 가정하면 이 식은 $x = 2$, $y = -1$의 조건을 만족시킨다. 그러므로 $-1 = a \times 2 + b$, 또한 $\dfrac{dy}{dx} = a = 2x - 5$, 주어진 곡선과 직선이 만날 때 만나는 점의 x, y는 기울기의 식과 곡선의 식을 동시에 만족시켜야 한다. 그러므로 a, b, x, y에 대한 다음 방정식이 생긴다.

$$y = x^2 - 5x + 6 \quad ----------①$$
$$y = ax + b \quad -------------②$$
$$-1 = 2a + b \quad ------------③$$
$$a = 2x - 5 \quad -------------④$$

식 ①과 ②는 $x^2 - 5x + 6 = ax + b$, a, b의 값을 넣으면

$$x^2 - 5x + 6 = (2x - 5)x - 1 - 2(2x - 5)$$

$$x^2 - 4x + 3 = 0$$

∴ $x = 3$, $x = 1$로서 x의 값을 ①에 대입하면 $x = 3$일 때 $y = 0$, $x = 1$일 때 $y = 2$가 된다. 그러므로 만나는 두 점의 좌표는 (1,2), (3,0)이다.

(1) 밀리미터(mm) 단위로 $y = \dfrac{3}{4}x^2 - 5$의 그래프를 그려라. 미분을 하여 기울기를 구하라. x의 변화에 따라 이에 대응하는 이 곡선의 기울기를 측정하라. 그리고 삼각함수표에서 그 값을 찾아서 측정된 각도와 일치하는가를 보라.

(2) $x = 2$일 때 $y = 0.12x^3 - 2$ 곡선의 기울기를 구하라.

(3) 곡선 $y = (x-a)(x-b)$에서 $\dfrac{dy}{dx} = 0$일 때, x의 값이 $\dfrac{1}{2}(a+b)$ 가 됨을 보여라.

(4) 곡선 $y = x^3 + 3x$의 임의의 점에서 $\dfrac{dy}{dx}$를 구하라. 그리고 x의 값이 각각 0, $\dfrac{1}{2}$, 1, 2일 때 $\dfrac{dy}{dx}$의 값을 구하라.

(5) 곡선 $x^2 + y^2 = 4$의 경우 그 기울기가 1이 될 때, x의 값을 구하라.

(6) 곡선 $\dfrac{x^2}{3^2} + \dfrac{y^2}{2^2} = 1$의 기울기를 구하라. 또 $x = 0$, $x = 1$일 때 곡선의 기울기를 구하라.

(7) $y = 5 - 2x + 0.5x^3$의 임의의 점에서의 기울기는 $y = mx + n$의 꼴이 되며 m과 n은 상수가 된다. $x = 2$일 때 곡선의 기울기부터 m과 n의 값을 구하라.

(8) 다음의 두 곡선 $y = 3.5x^2 + 2$와 $y = x^2 - 5x + 9.5$가 서로 만날 때 만나는 각도를 구하라.

(9) 곡선 $y = \pm\sqrt{25 - x^2}$에서 $x = 3, x = 4$일 때 y의 값이 (+)가

되도록 그 기울기를 그렸다. 곡선의 기울기들이 만나는 점의 좌표와 교각을 구하라.

(10) 직선 $y = 2x - b$와 곡선 $y = 3x^2 + 2$는 한 점에서 서로 만난다. 만나는 점의 좌표와 b의 값을 구하라.

11
극대와 극소

어떤 변량이 연속적으로 변할 때 변화의 과정에 있어 극소값 아니면 극대값을 지난다. 어떤 값은 바로 그 직전의 값과 직후의 값보다 작은 경우가 있으며 이러한 경우 그 값을 극소(minimum)라 하고, 또한 어떤 값은 바로 그 직전의 값과 직후의 값보다 큰 경우가 있는데 이러한 경우 그 값을 극대(maximum)라 한다. 그러므로 어떤 변량의 가장 큰 값이 극대값이 아니며, 가장 작은 값이 극소값이 아니다.

미분의 가장 중요한 응용의 하나는 미분되어지는 것의 값이 어떤 조건 아래서 극대 혹은 극소가 되는가를 찾아내는 것이다. 공학적인 문제들의 경우 이러한 것은 대단히 중요한데, 예를 들면 임금을 최저로 할 수 있는 경영 조건을 찾아낸다든가 혹은 효율을 최고로 할 수 있는 조건을 찾아내는 일 등이다.

그러면 다음의 식으로 실제적인 응용의 예를 들어보자.

$$y = x^2 - 4x + 7$$

x값을 차례로 넣어 y의 값을 구해 정리하면 이 곡선을 극소를 가진다는 것을 쉽게 알 수 있다. 즉 x가 2일 때 $y = 3$인데, 이 값은 $x = 1$일 때 $y = 4$이며, $x = 3$일 때 $y = 4$인 값보다 작기 때문이다.

x	0	1	2	3	4	5
y	7	4	3	4	7	12

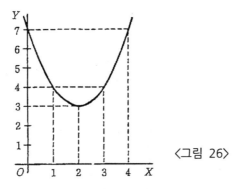

〈그림 26〉

x, y의 값들은 그래프에 그리면 〈그림 26〉과 같은데 y는 3이라는 극소값을 가지며 이때 x의 값은 2인 것을 알 수 있다. 그러나 x가 $2\frac{1}{4}$ 혹은 $1\frac{3}{4}$일 때 극소가 아니고, x가 2일 때 극소가 되는 것을 확인할 수 있는가?

물론 대수학적으로 x의 여러 값을 넣어 계산해 내어 극대나 극소를 찾아낼 수가 있다.

또 하나의 예를 들어보자.

$$y = 3x - x^2$$

x	-1	0	1	2	3	4	5
y	-4	0	2	2	0	-4	-10

몇 개의 값을 넣어 계산해 보면 다음과 같으며, 그래프에 그리면 〈그림 27〉과 같다. 그림을 보면 $x = 1$과 $x = 2$ 사이의 어떤

값에서 극대가 존재함을 명확히 알 수 있으며, 극대값은 $2\frac{1}{4}$에 근사한 값이 될 것처럼 보인다.

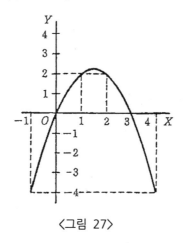

〈그림 27〉

다음에는 x의 값이 1과 2 사이에 있는 다른 중간값들을 넣어 보자. $x = 1\frac{1}{4}$이면 $y = 2.187$, $x = 1\frac{1}{2}$이면 $y = 2.25$, $x = 1.6$이면 $y = 1\frac{1}{2}$이 되는 것을 어떻게 증명할 수 있는가?

이와 같은 여러 값들을 넣어보면 그 결과를 추측해 보지 않고도 극대나 극소를 직접 구할 수 있는 방법이 있다. 그것은 미분을 하는 것인데 93페이지의 〈그림 14와 15〉의 내용을 보면 곡선이 극대 혹은 극소가 될 때 그 점에서의 $\frac{dy}{dx}$는 0이 되는 것을 쉽게 알 수 있다. 이 점은 극대, 극소에 관한 문제를 풀어가는 좋은 실마리가 된다. 어떤 식의 y의 값이 극소(혹은 극대)가 되는 x값을 구하려면 우선 그 식을 미분한다. 다음에는 $\frac{dy}{dx}$를 0으로 놓고 x에 대하여 풀면 된다. 이렇게 구해진 x의 값을 본식에 대입하여

y의 값을 구하면 극소(혹은 극대)값이 된다. 이 방법이 얼마나 간단한 것인가를 보기 위해 이 장에서 처음으로 예를 들었던 다음의 식에서 다루어 보자.

$$y = x^2 - 4x + 7$$

미분하면 $\dfrac{dy}{dx} = 2x - 4$를 얻으며 이것을 0으로 놓으면

$$2x - 4 = 0$$
$$x = 2$$

를 얻는다.

그리고 $x = 2$일 때 극대 혹은 극소가 될 것이다. $x = 2$를 본래의 방정식에 대입하면

$$y = 2^2 - (4 \times 2) + 7$$
$$= 4 - 8 + 7 = 3$$

이 된다. 되돌아가서 〈그림 26〉을 보면 $x = 2$일 때 극소가 되며 그 때의 극소값은 $y = 3$인 것을 알 수 있다.

다음에는 〈그림 27〉에 그려진 두 번째의 예를 풀어보자.

$$y = 3x - x^2$$

미분하면

$$\frac{dy}{dx} = 3 - 2x$$

이것을 0으로 놓으면

$$3 - 2x = 0$$
$$\therefore x = 1\frac{1}{2}$$

이 값을 본래의 방정식에 대입하면

$$y = 3 \times (1\frac{1}{2}) - (1\frac{1}{2} \times 1\frac{1}{2})$$

$$\therefore y = 2\frac{1}{4}$$

이런 방법은 많은 x의 값을 차례로 대입하여 극대나 극소를 구하는 번거로운 방법들에 비해 명확한 답을 간단히 찾아낼 수 있게 해준다.

또 한 두 가지 점에 대해 언급을 할 것이 더 있다. 첫째로 $\frac{dy}{dx}$를 0으로 한다고 할 때(자기 나름대로 생각이 있는 사람이라면) 어떤 석연치 않은 점을 느낄 것이다. 즉 곡선이 위로 올라가든가 내려가든가 어떤 곡선 상에서 $\frac{dy}{dx}$는 정해지는 점에 따라서 수없이 많은 값들을 가지는 것을 잘 알고 있다.

그러므로 $\frac{dy}{dx}$=0이라고 한다면, 이점에 대해 석연치 않게 생각하여 그럴 수가 없다고 말할 것이다. 이러한 생각은 당연한 것이다. 여기에서 우리는 방정식(equation)과 조건부 방정식(equation of condition)의 근본적인 차이를 이해해야 할 것이다. 일반적으로 우리는 그 자체로서 틀림없이 사실인 방정식들을 다루어 왔다. 그러나 지금 우리가 다루고 있는 문제들과 같이 반드시 사실이 될 수 없는 방정식들을 다루어야만 할 때가 있는데, 이러한 경우에는 어떤 조건들이 만족되어야만 한다.

이러한 경우의 방정식은 차례로 풀어놓고 이 방정식을 성립시키는 조건들을 찾아내야만 한다. 어떤 곡선이 그 기울기가 올라가지도 않고 내려가지도 않는, 즉 $\frac{dy}{dx}$=0이 되는 x의 특정한 값을 구한다고 하자. 여기에서 $\dfrac{dy}{dx}=0$이라고 쓰는 것은 $\dfrac{dy}{dx}$의 값이 언제나 0이 된다는 의미는 아니며, $\dfrac{dy}{dx}$가 0이 되면 x가 어떤 값을 가지게 될 것인가를 알기 위한 조건으로서 써놓은 것에 불과하다.

두 번째로 언급해야 할 것은 $\dfrac{dy}{dx}$를 0으로 놓아서 구한 y의 값이 극대값인지 극소값인지 가려낼 수가 없으며 정확한 x의 값은 찾아낼 수 있지만 이 x의 값에 대응하는 y의 값이 극대인지 극소인지는 미해결된 문제이므로 다시 찾아내야만 한다. 물론 그래프를 그리면 극대가 될지 극소가 될지는 당연히 알 수 있다.

$$y = 4x + \dfrac{1}{x}$$

의 경우, 어떠한 모양의 곡선이 될 것인가를 생각할 것도 없이, 미분을 한 후 그 값을 0으로 놓으면

$$\dfrac{dy}{dx} = 4 - x^{-2} = 4 - \dfrac{1}{x^2} = 0$$

$$x = \dfrac{1}{2}$$

이 되면, 이 값을 본 식에 대입하면 $y=4$를 얻는데, 이 y값은 극대가 아니면 극소가 될 것이다. 그러나 그 중 어느 것인가? 이러한 문제에 직면하여 앞으로 배울 2차 미분(제12장, 117페이지)의 응용을 이용할 수 있다. 그러나 지금까지 우리가 배운 지식으로는 조금씩 다른 x의 값들을 여러 개 대입해 보아서 이에 대응되는 y의 값이 앞과 뒤의 값들을 봐도 큰지 혹은 작은지를 보아야 한다.

극대와 극소를 구하는 간단한 문제 하나를 더 풀어보자. 어떤 수가 있을 때 그 수를 둘로 나누어 그 두 수의 곱이 최대가 될

수 있도록 하는 문제를 풀어 보자. $\frac{dy}{dx}=0$으로 놓는 방법을 모른다고 할 때 어떻게 이 문제를 풀 것인가? 임의로 어떤 수를 정하여 그 수를 둘로 나눈 후, 그들을 곱해 보는 일을 계속해야 할 것이다.

예를 들어 60이라는 수의 경우를 예로 들어보자.

60을 임의의 두 수로 나누어 곱해 볼 것이 틀림없다. 그러므로
$$50 \times 10 = 500, 52 \times 8 = 416, 40 \times 20 = 800,$$

$$45 \times 15 = 675, 30 \times 30 = 900$$

과 같은 결과를 얻을 것이다. 이 결과에서 $30 \times 30 = 900$의 경우 두 수의 곱이 극대가 되는 것처럼 보인다. 그러면 30과 30이라는 두 수를 약간씩 변화시켜 보면 $31 \times 29 = 899$로서 만족하지가 않고, $32 \times 28 = 896$으로 이 수도 역시 최대가 되지 않는다. 그러므로 어떤 수를 둘로 나누어($30 \times 30 = 900$의 경우와 같이) 그 두 수의 곱이 최대가 되는 것은 그 수가 똑같은 값의 수로서 양분되어야만 한다.

그러면 이런 문제를 미적분학에서는 어떻게 풀고 있는지 알아보자. 우선 나누어질 어떤 수를 n이라고 하고 이때 x가 되면, 이 두 수의 곱은 $x(n-x)$ 혹은 $nx-x^2$이 될 것이며 $y=nx-x^2$이라고 쓸 수 있다. 이것을 미분한 후 0으로 놓으면

$$\frac{dy}{dx}=n-2x=0$$
$$x=\frac{n}{2}$$

이 결과를 볼 때 어떤 수이든지 그 수를 똑같게 둘로 나누면, 그 두 수의 곱은 극대가 되며 그 때의 극대값은 언제나 $\frac{1}{4}n^2$이

된다.

이것은 매우 중요한 사실이며 어느 수를 몇 개로 분할하든지 모든 경우에 적용된다. 그러므로 $m+n+p$가 어떤 정해진 수인 경우 $m=n=p$일 때 $m\times n\times p$는 극대가 된다.

(예제)

쉽게 풀 수 있는 문제를 예로 들어 보자.

$y=x^2-x$일 때 이 함수가 극대를 가지는지 극소를 가지는지 알아보자. 미분한 후 0으로 놓으면

$$\frac{dy}{dx}=2x-1$$
$$2x-1=0$$
$$\therefore x=\frac{1}{2}$$

그러므로 $x=\frac{1}{2}$일 때 이에 대응하는 y의 값은 극대 아니면 극소가 될 것이다. 따라서 $x=\frac{1}{2}$을 본식에 대입하면

$$y=(\frac{1}{2})^2-\frac{1}{2}$$
$$y=-\frac{1}{4}$$

그러면 $y=-\frac{1}{4}$이란 값이 극대인가 극소인가? 이것을 알기 위해서는 x보다 약간 큰 수를, 즉 $x=0.6$을 본식에 대입시켜 본다. 그러면

$$y=(0.6)^2-0.6=0.36-0.6=-0.24$$

이때 구해진 -0.24라는 값은 극소가 된다. 스스로 곡선을 그래

프에 그린 다음 계산으로 구한 결과와 비교 확인하라.

이번에는 좀 더 재미있는 문제로 극대와 극소를 둘 다 가지는 곡선의 예를 풀어보자. 이 곡선의 방정식과 풀이는 다음과 같다.

$$y = \frac{1}{3}x^3 - 2x^2 + 3x + 1$$

$$\frac{dy}{dx} = x^2 - 4x + 3$$

이것을 0으로 놓으면 이차방정식이 된다.

$$x^2 - 4x + 3 = 0$$
$$\therefore x = 3,\ x = 1$$

따라서 $x=3$일 때 $y=1$, $x=1$일 때 $y=2\frac{1}{3}$이 된다. 그러므로 $x=3$일 때는 극소가 되며, $x=1$일 때는 극대가 된다. 본래의 방정식을 그래프에 그리면 〈그림 28〉의 곡선과 같다.

x	-1	0	1	2	3	4	5	6
y	$-4\frac{1}{3}$	1	$2\frac{1}{3}$	$1\frac{2}{3}$	1	$2\frac{1}{3}$	$7\frac{2}{3}$	19

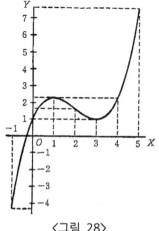

〈그림 28〉

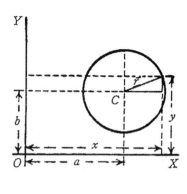

〈그림 29〉

112

극대와 극소의 문제를 하나 더 풀어보자.

좌표 $x=a$, $y=b$ 위에 중심 C를 둔 반지름이 r인 원의 방정식은 다음과 같으며, 〈그림 29〉에 그렸다.

$$(y-b)^2 + (x-a)^2 = r^2$$

$$y = \sqrt{r^2 - (x-a)^2} + b$$

〈그림 29〉를 살펴보면 $x=a$일 때 y는 극대값으로 $b+r$이 되거나 극소값으로 $b-r$이 됨을 알 수 있다. 그러면 이번에는 이러한 것을 알지 못한 상태에서 미분한 후 0으로 놓는 방법에 의해 x의 값이 얼마일 때 y의 값이 극대 혹은 극소가 되는지를 풀어보자.

$$y = \sqrt{r^2 - (x-a)^2} + b$$

$$\frac{dy}{dx} = \frac{1}{2} \frac{1}{\sqrt{r^2 - (x-a)^2}} \times (2a - 2x)$$

$$\frac{dy}{dx} = \frac{a-x}{\sqrt{r^2 - (x-a)^2}}$$

$$\frac{a-x}{\sqrt{r^2 - (x-a)^2}} = 0$$

어떤 조건에서도 분자는 무한대로 될 수가 없으므로 위의 식이 성립하는 유일한 조건은 $x=a$인 경우 뿐이다. $x=a$인 조건을 본래의 식으로 대입하면

$$y = \sqrt{r^2} + b$$

여기에서 $\sqrt{r^2}$는 $+r$이거나 $-r$이 되므로 이에 따른 y의 값은

$$y = b+r$$
$$y = b-r$$

이 된다.

그러므로 $y=b+r$인 경우 원의 맨 꼭대기로서 극대가 되며, $y=b-r$인 경우 원의 맨 밑부분으로써 극소가 된다.

극대나 극소가 없는 곡선의 경우에는 0으로 놓는 방법은 존재

불가능한 결과를 내놓는다. 예를 들면

$$y = ax^3 + bx + c$$
$$\frac{dy}{dx} = 3ax^2 + b$$

이것을 0으로 놓으면

$$3ax^2 + b = 0$$
$$x^2 = \frac{-b}{3a}$$

그러므로 $x = \sqrt{\dfrac{-b}{3a}}$ 가 되는데 이 때 a와 b가 같은 부호를 갖는 값들이라면 x의 값은 존재 불가능한 값이 된다.

그러므로 y는 극대는 물론 극소도 가지지 않는다.

몇 개의 예를 더 풀어보면 미적분의 가장 흥미롭고 또 많이 응용되는 이 극소와 극대의 문제들을 완전히 이해할 수 있을 것이다.

(1) 반지름이 R인 원 속에 내접하는(그려질 수 있는), 가장 큰 넓이를 가지는 사각형의 한 변은 얼마인가?

구하는 사각형의 한 변을 x라고 하면, 또 다른 한 변은

$$\text{다른 한 변} = \sqrt{(\text{사각형의 대각선})^2 - x^2}$$

그리고 사각형의 대각선은 반드시 외접하는 원의 지름이 되어야 하므로

$$\text{다른 한 변} = \sqrt{4R^2 - x^2}$$

이 된다.

그러면 내접하는 사각형의 넓이 $S = x\sqrt{4R^2 - x^2}$ 이 되며

$$\frac{dS}{dx} = x \times \frac{d(\sqrt{4R^2 - x^2})}{dx} + \sqrt{4R^2 - x^2} \times \frac{d(x)}{dx}$$

혹시 $\sqrt{4R^2 - x^2}$을 미분하는 것을 잊어버렸으면 힌트가 있다. 즉 $w = 4R^2 - x^2$이라고 놓으며 $y = \sqrt{w}$, 다음에는 $\frac{dy}{dw}$와 $\frac{dw}{dx}$를 구할 수가 있다. 그래도 잘 모르는 경우에는 79페이지를 다시 보라.

결국

$$\frac{dS}{dx} = x \times \frac{-x}{\sqrt{4R^2 - x^2}} + \sqrt{4R^2 - x^2} = \frac{4R^2 - 2x^2}{\sqrt{4R^2 - x^2}}$$

이 된다.

극대인지 극소인지를 알기 위해서는

$$\frac{4R^2 - 2x^2}{\sqrt{4R^2 - x^2}} = 0$$

즉, $4R^2 - 2x^2 = 0$

$$x = R\sqrt{2}$$

다른 한 변$= \sqrt{4R^2 - x^2} = \sqrt{4R^2 - 2R^2} = \sqrt{2R^2} = R\sqrt{2}$

결과적으로 우리가 구하고자 하는 사각형의 두 변은 $R\sqrt{2}$로서 길이가 동일하다. 그러므로 원에 내접하는 최대 넓이의 사각형은 정사각형이며, 한 변의 길이는 외접하는 원의 반지름을 한 변으로 하는 정사각형의 대각선 길이와 같다. 이 경우에 있어서 물론 우리는 극대를 다루고 있는 것이다.

(2) 옆면의 길이가 l인 직원뿔의 부피가 가장 큰 것의 반지름을 구하라.

구하고자 하는 원뿔의 반지름을 R, 높이를 H라고 할 때

$$H = \sqrt{l^2 - R^2}$$

그러므로 부피는

$$V = \pi R^2 \times \frac{H}{3} = \pi R^2 \times \frac{\sqrt{l^2 - R^2}}{3}$$

앞의 문제의 경우에서와 같이

$$\frac{dV}{dR} = \pi R^2 \times (-\frac{R}{3\sqrt{l^2 - R^2}}) + \frac{2\pi R}{3}\sqrt{l^2 - R^2}$$

$$= \frac{2\pi R(l^2 - R^2) - \pi R^3}{3\sqrt{l^2 - R^2}} = 0$$

극대와 극소를 알기 위해서는

$$2\pi R(l^2 - R^2) - \pi R^3 = 0$$

$$\therefore R = l\sqrt{\frac{2}{3}}$$

이며 극대가 된다.

(3) 다음 함수의 극대와 극소를 구하라.

$$y = \frac{x}{4-x} + \frac{4-x}{x}$$

극대나 극소가 되려면

$$\frac{dy}{dx} = \frac{(4-x) - (-x)}{(4-x)^2} + \frac{-x - (4-x)}{x^2} = 0$$

$$\frac{4}{(4-x)^2} - \frac{4}{x^2} = 0$$

$$\therefore x = 2$$

x의 값이 하나뿐이므로 극소 혹은 극대는 하나뿐이다.
그러므로

$x = 2$일 때 $y = 2$

$x = 1.5$일 때 $y = 2.27$

$x = 2.5$일 때 $y = 2.27$

결과적으로 $x = 2$일 때 $y = 2$는 극소가 된다. (이 곡선의 그래프를 그려 보라)

(4) 다음 함수의 극대와 극소를 구하라.(그래프를 그려 보라.)

$$y = \sqrt{1+x} + \sqrt{1-x}$$

미분하면(80페이지의 예제 (1) 참조)

극대나 극소가 되려면

$$\frac{dy}{dx} = \frac{1}{2\sqrt{1+x}} - \frac{1}{2\sqrt{1-x}} = 0$$

그러므로

$$\sqrt{1+x} = \sqrt{1-x}$$

$$\therefore x = 0$$

으로 x의 값은 하나 뿐이다.

결과적으로 $x = 0$일 때 $y = 2$

$x = \pm 0.5$일 때 $y = 1.932$이므로 $y = 2$는 극대가 된다.

(5) 다음 함수의 극대와 극소를 구하라.

$$y = \frac{x^2 - 5}{2x - 4}$$

극대나 극소가 되려면

$$\frac{dy}{dx} = \frac{(2x-4)\times 2x-(x^2-5)\times 2}{(2x-4)^2} = 0$$

$$\frac{2x^2-8x+10}{(2x-4)^2} = 0$$

$$\therefore x = 2 \pm \sqrt{-1}$$

여기에서 x는 허수(虛數, imaginary number), $\frac{dy}{dx}=0$이 될 수 있는 x의 실수값은 존재하지 않는다.

(6) 다음 함수의 극대와 극소를 구하라.

$$(y-x^2)^2 = x^5$$

바꾸어 쓰면 $y = x^2 \pm x^{\frac{5}{2}}$

극대나 극소가 되려면

$$\frac{dy}{dx} = 2x \pm \frac{5}{2}x^{\frac{3}{2}}$$

그러므로

$$x(2 \pm \frac{5}{2}x^{\frac{1}{2}}) = 0$$

$$x = 0$$

$$2 \pm \frac{5}{2}x^{\frac{1}{2}} = 0, \text{ 즉 } x = \frac{16}{25}$$

결과적으로 답은 둘이며, 우선 $x=0$일 때를 생각해 보자.

$x=-0.5$일 때 $y = 0.25 \pm \sqrt[2]{-(0.5)^5}$

$x=+0.5$일 때 $y = 0.25 \pm \sqrt[2]{(0.5)^5}$

$x=-0.5$일 때는 y는 허수가 된다. 그러므로 그래프로 그려질 수 있는 값이 없다. 그러므로 $x=+0.5$일 때는 y의 값은 언제나

x축의 우측에만 존재한다〈그림 30 참조〉.

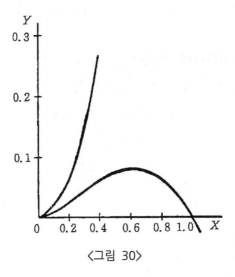

〈그림 30〉

그래프를 그려보면 곡선은 원점으로 가며, 원점에 극소가 존재하는 것 같다. 그러나 원점을 지나서 계속 내려가지 않고 되돌아 첨곡선(尖曲線, cusp)을 이룬다. 그러므로 $\dfrac{dy}{dx} = 0$이라는 극대나 극소의 조건은 만족되었을지라도 극소는 존재하지 않는다. 그러므로 x값의 크고 작은 양쪽의 값을 넣어서 항시 확인해 보아야 한다.

그러면 이번에는 $x = \dfrac{16}{25} = 0.64$일 때를 생각해보자.

$x = 0.64$일 때 $y = 0.7373$과 $y = 0.0819$

$x = 0.6$일 때 $y = 0.6389$과 $y = 0.0811$

$x = 0.7$일 때 $y = 0.8996$과 $y = 0.0804$

이러한 결과를 볼 때 곡선은 원점에서 꺾어져서 두 개의 곡선 가지로 되어 있고, 위로 뻗은 곡선 가지는 극대를 지나지 않지만 아래의 곡선 가지는 $x = 0.64$일 때 극대를 지난다.

(7) 높이가 반지름의 2배가 되는 원통이 있다. 모양의 변화가 없이 이 원통의 모든 부분들이 동일한 비율로 늘어나서 비례적으로 부피가 커진다.

반지름이 r피트이며, 원통의 표면적은 1초당 20제곱인치씩 커질 때 부피의 증가율은 1초당 얼마인가?

$$\text{표면적} \quad S = 2(\pi r^2) + (2\pi r \times 2r) = 6\pi r^2$$

$$\text{부피} \quad V = \pi r^2 \times 2r = 2\pi r^3$$

$$\frac{dS}{st} = 12\pi r \frac{dr}{dt} = 20, \ \frac{dr}{dt} = \frac{20}{12\pi r}$$

$$\frac{dV}{dt} = 6\pi r^2 \frac{dr}{dt}$$

$$\therefore \frac{dV}{dt} = 6\pi r^2 \frac{dr}{dt}$$

$$\therefore \frac{dV}{dt} = 6\pi r^2 \times \frac{20}{12\pi r} = 10r$$

그러므로 부피는 1초당 $10r$ 세제곱 인치의 비율로 증가한다.

스스로 문제를 만들어 풀어 보라.

◈ 연습문제 9 ◈ (해답 p.314)

(1) $y = \dfrac{x^2}{x+1}$ 일 때 y가 극대 혹은 극소가 되는 x의 값은?

(2) $y = \dfrac{x}{a^2 + x^2}$ 일 때 y가 극대 혹은 극소가 되는 x의 값은?

(3) 길이가 p되는 노끈을 4개로 잘라서 사각형을 만든다. 한 변의 길이가 $\dfrac{1}{4}p$일 때 사각형의 면적이 가장 크게 되는 것을 증명하여라.

(4) 30cm 되는 노끈의 양 끝을 이어 세 개의 핀으로 고정시켜 삼각형을 만들 때 이 끈으로 만들 수 있는 가장 넓은 삼각형의 넓이를 구하라(111페이지 두 번째 줄 참조)

(5) $y = \dfrac{10}{x} + \dfrac{10}{8-x}$ 의 곡선을 그려라. $\dfrac{dy}{dx}$ 를 구하라. y가 극소가 되는 x의 값과 y의 극소값을 구하라.

(6) $y = x^5 - 5x$ 일 때 y가 극대 혹은 극소가 되는 x값을 구하라.

(7) 주어진 정사각형 안에 내접하는(그려질 수 있는) 정사각형 중 가장 넓이가 작은 정사각형을 그려라.

(8) 높이가 밑변의 반지름과 같은 직원뿔 안에 내접하는 원기둥 가운데, (a) 부피가 가장 큰 원기둥, (b) 옆면의 넓이가 가장 큰 원기둥, (c) 전체 넓이가 가장 큰 원기둥의 반지름을 구하라.

(9) 원구 안에 내접하는 원기둥 가운데, (a) 부피가 가장 큰 원기둥, (b) 옆면의 넓이가 가장 큰 원기둥, (c) 전체 넓이가 가장 큰 원기둥의 반지름을 구하라.

(10) 반지름이 rm인 구형의 풍선이 커질 때 1초당 $4cm^3$의 비율로서 부피가 늘어난다면 표면적이 커지는 비율은 얼마인가?

121

(11) 주어진 원구 안에 내접하는 직원뿔 가운데 부피가 가장 큰 직원뿔의 반지름을 구하라.

(12) N볼트 전압을 가진 건전지에서 나오는 전류 C는 다음과 같다. $C = \dfrac{n \times E}{R + \dfrac{rn^2}{N}}$ 일 때 E, R, r은 각각 상수이며, n은 건전지 안에 직렬로 연결된 건전지의 수이다. 전류가 가장 커질 때 n과 N의 관계식을 구하라.

12
기울기의 변화

　재차 미분을 하는 과정으로 돌아가서, 도대체 무슨 목적으로 두 번 미분을 하는 것인가 알아보자. 이미 8장에서 배운 바와 같이 변하는 변량이 거리와 시간일 때 두 번 미분을 하면 움직이는 물체의 가속도(加速度, acceleration)를 얻는다. 그리고 곡선의 기하학적인 의미로 볼 때 $\frac{dy}{dx}$ 는 곡선의 기울기(slope)임을 알고 있다.

　그러면 기하학적으로 볼 때 $\frac{d^2y}{dx^2}$ 은 무엇을 의미하는가? 간단히 말하면 이것은 기울기의 변화율(단위 거리당)을 나타낸다. 즉 곡선의 어느 지점에서의 접선의 기울기가 변하는 양상을 나타낸다. x가 증가할 때 곡선의 기울기가 증가하는지 감소하는지를 표시해 주며, 쉽게 이야기하면 오른쪽으로 갈수록 곡선이 굽어 올라가는지 혹은 굽어 내려가는지를 나타낸다.

　〈그림 31〉에서 보는 바와 같이 기울기가 일정한 상수일 때를 생각해 보면, 여기에는 $\frac{dy}{dx}$ 는 일정한 값이다.

　그러나 〈그림 32〉와 같은 경우에 있어서는 기울기 자체가 자꾸만 커지고 있다. 그러므로 $d\dfrac{(\frac{dy}{dx})}{dx}$ 즉 $\frac{d^2y}{dx^2}$ 는 (+)가 된다.

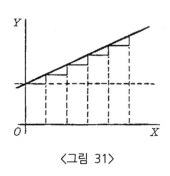

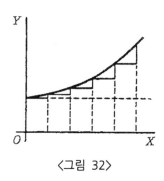

<그림 31>　　　　　　　<그림 32>

그러나 〈그림 33〉의 경우와 같이 오른쪽으로 갈수록 기울기가 점점 작아지면(95페이지의 〈그림 14〉와 같다) 곡선은 위로 올라가고 있을지라도 기울기는 점점 감소하고 있으므로 $\frac{d^2y}{dx^2}$은 (−)가 된다.

자 그러면 지금부터 「0으로 놓아서」 얻어진 값이 극대인지 극소인지를 가려내는 방법을 이야기 하자(0으로 놓을 수 있는 식을 구하는 것과 같이). 미분한 후에, 그 결과를 다시 한 번 더 미분하여, 이 두 번째 미분한 결과가 (+)인지 (−)인지를 보는 것이다.

$\frac{d^2y}{dx^2}$가 (+)가 되면 y의 값은 극소이며, $\frac{d^2y}{dx^2}$가 (−)가 되면 y의 값은 극대가 된다.

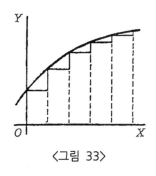

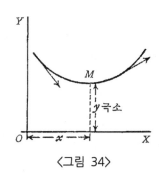

<그림 33>　　　　　　　<그림 34>

　그 이유는 아주 명백한 사실인데 〈그림 15〉(95페이지)나 〈그림 34〉처럼 하나의 극소점을 가지는 곡선을 생각해 보자. 이 곡선은 위로 오목하며, 여기에서 y의 극소점을 M이라고 표시했다.

　M의 왼쪽에서는 곡선은 내려오고 기울기는 (−)이며, M에 가까워질수록 그 (−)의 정도가 줄어든다. M의 오른쪽에서는 곡선을 위로 올라가며 기울기가 점점 커진다. 점 M을 통과하며 기울기의 변화, 즉 $\dfrac{d^2y}{dx^2}$는 (+)가 된다. 즉 x가 우측으로 증가하여 가며 감소해 가던 기울기((−)기울기)가 M을 기점으로 하여 증가해 가는 기울기 ((+)기울기)로 변곡된다.

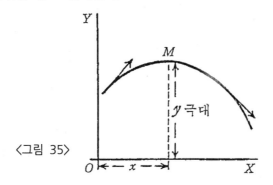

〈그림 35〉

　〈그림 16〉(89페이지)이나 〈그림 35〉처럼 하나의 극대점을 가지는 곡선을 생각해 볼 때 이 곡선은 아래로 오목하며, 여기에서 y의 극대점을 M이라고 표시했다. 이 곡선이 왼쪽에서 오른쪽으로 점 M을 통과할 때 올라가던 기울기((+)기울기)는 내려가는 기울기((−)기울기)로 변곡된다. 이와 같이 곡선 상에서 오목한 방향을 바꾸는 점을 곡선의 변곡점(point of inflection)이라 한다.

　11장의 예제들을 가지고 극대 혹은 극소를 구했던 풀이를 위의 방법으로 증명해 보라. 그리고 아래의 문제풀이를 공부하며 극대 및 극소를 구하는 방법을 익히기 바란다.

(1) 다음 식들의 극대값, 극소값을 구하고 극대값인지 극소값인지
   확인하라.

   (a) $y = 4x^2 - 9x - 6$

   (b) $y = 6 + 9x - 4x^2$

   (a) $y = 4x^2 - 9x - 6$

$$\frac{dy}{dx} = 8x - 9 = 0,\ x = 1\frac{1}{8},\ y = -11.065$$

$$\frac{d^2y}{dx^2} = 8$$

$$\therefore \frac{d^2y}{dx^2} \text{는 양(+)의 값을 갖는다.}$$

   그러므로 극소값이다.

   (b) $y = 6 + 9x - 4x^2$

$$\frac{dy}{dx} = 9 - 8x = 0,\ x = 1\frac{1}{8},\ y = +11.065$$

$$\frac{d^2y}{dx^2} = -8$$

$$\therefore \frac{d^2y}{dx^2} \text{는 음(-)의 값을 갖는다.}$$

   그러므로 극대값이다.

(2) $y = x^3 - 3x + 16$의 극대, 극소를 구하라.

$$\frac{dy}{dx} = 3x^2 - 3 = 0,\ x^2 = 1,\ x = \pm 1$$

$$\frac{d^2y}{dx^2} = 6x,\ x = +1 \text{일 때 } \frac{d^2y}{dx^2} \text{는 양의 값,}$$

그러므로 $x=+1$일 때는 극소이며 극소값은 $y=+14$가 된다.

그러나 $x=-1$일 때는 $\dfrac{d^2y}{dx^2}$은 음의 값이다.

그러므로 $x=-1$일 때는 극대이며 극대값은 $y=+18$이 된다.

(3) $y=\dfrac{x-1}{x^2+2}$의 극대, 극소를 구하라.

$$\frac{dy}{dx}=\frac{(x^2+2)\times1-(x-1)\times2x}{(x^2+2)^2}=\frac{2x-x^2+2}{(x^2+2)^2}=0$$

즉 $x^2-2x-2=0$

$\therefore x=+2.73,\ x=-0.73$

$$\frac{d^2y}{dx^2}=-\frac{(x^2+2)^2\times(2x-2)-(x^2-2x-2)(4x^3+8x)}{(x^2+2)^2}$$

$$=\frac{2x^2-6x^4-8x^3-8x^2-24x+8}{(x^2+2)^4}$$

여기에서 분모는 항시 (+)이므로 분자의 부호를 확인하여야 한다.

$x=+2.73$을 대입하면 분자는 (−)가 되므로, 극대이며 이때 $y=0.183$이 된다. $x=-0.73$을 대입하면 분자는 (+)가 되므로, 극소이면 이때 $y=-0.683$이다.

(4) 어떤 상품의 생산비 C는 주당 생산량 P와 다음과 같은 관계가 있다. $C=aP+\dfrac{b}{c+P}+d$일 때, a,b,c,d는 (+)의 상수들이다. 생산량이 얼마일 때 생산비가 가장 적게 되는가?

$$C=aP+\frac{b}{c+P}+d$$

$$\frac{dC}{dP} = a - \frac{b}{(c+P)^2} = 0$$일 때 극대 아니면 극소가 된다.

$$\therefore a = \frac{b}{(c+P)^2}, \quad P = \pm\sqrt{\frac{b}{a}} - c$$

생산량이 (-)가 될 수는 없으므로 $P = +\sqrt{\frac{b}{a}} - c$

그리고 $\dfrac{d^2 C}{dP^2} = +\dfrac{b(2c+2P)}{(c+P)^4}$

이 값은 P가 어떤 값이 되든지 (+)가 되므로

$P = +\sqrt{\dfrac{b}{a}} - c$는 극소값이 된다.

(5) 어떤 건물의 이정한 종류의 전등 N개를 켜는데 시간당 드는
총비용 C는 다음과 같다.

$$C = N\left(\frac{C_l}{t} + \frac{EPC_e}{1,000}\right)$$

이때

　　E는 상용으로 쓰이는 전구들의 조도(밝기) 효율(watt per candle)

　　P는 각 전구의 촉광

　　t는 각 전구의 평균수명(시간)

　　C_l는 단위 사용 시간당 소요되는 전구의 감가상각비

　　C_e는 시간당 1,000watts당 소요되는 경비

　　그리고 전구의 평균수명과 상용 전구들의 조도효율 관계는 대
략 $t = mE^n$이며 이때 m과 n는 전구에 따라 일정한 상수이다.
전등을 켜는데 드는 총비용이 가장 적게 드는 상용 전구의 조도
효율을 구하라.

$$C = N(\frac{C_l}{m}E^{-n} + \frac{PC_e}{1,000}E)$$

$$\frac{dC}{dE} = N(\frac{PC_e}{1,000} - \frac{nC_l}{m}E^{-(n+1)}) = 0$$

극대 혹은 극소가 되기 위해서는

$$E^{n+1} = \frac{1,000 \times nC_l}{mPC_e}, \ \ E = \sqrt[n+1]{\frac{1,000 \times nC_l}{mPC_e}}$$

그리고 $\dfrac{d^2 C}{dE^2} = N[(n+1)\dfrac{nC_l}{m}E^{-(n+2)}]$ 인데

여기에서 E는 (+)의 값이므로 전체는 (+)가 되고 그러므로 극소가 된다.

구체적인 예를 하나들어 16촉광인 전구의 경우, $C_{l=17}$원, $C_e = 5$원, $m = 10, n = 3.6$이라면

$$E = \sqrt{\frac{1,000 \times 3.6 \times 17}{10 \times 16 \times 5}} = 2.6 \, watt/candle$$

이다.

※ 가능하면 다음 문제들의 그래프를 그려보기 바란다.

(1) $y = x^3 + x^2 - 10x + 8$의 극대, 극소를 구하라.

(2) $y = \dfrac{b}{a}x - cx^2$의 $\dfrac{dy}{dx}$, $\dfrac{d^2y}{dx^2}$를 구하라. y가 극대 혹은 극소가 되는 x의 값을 구하라. 그리고 이때 y의 값은 극대인가 극소인가?

(3) (a) $y = 1 - \dfrac{x^2}{2} + \dfrac{x^4}{24}$인 곡선에는 몇 개의 극대와 극소가 있는가?

(b) 그리고 $y = 1 - \dfrac{x^2}{2} + \dfrac{x^4}{24} - \dfrac{x^6}{720}$에는 몇 개의 극대와 극소가 있는가?

(4) $y = 2x + 1 + \dfrac{5}{x^2}$의 극대, 극소를 구하라.

(5) $y = \dfrac{3}{x^2 + x + 1}$의 극대, 극소를 구하라.

(6) $y = \dfrac{5x}{2 + x^2}$의 극대, 극소를 구하라.

(7) $y = \dfrac{3x}{x^3 - 3} + \dfrac{x}{2} + 5$의 극대, 극소를 구하라.

(8) N이라는 수는 어떤 두 수의 합으로 되어 있다. 한 수의 제곱의 3배에 다른 한 수의 제곱의 2배를 더한 것이 최소가 될 때 두 수를 구하라.

(9) 전기 모터의 출력 x에 대한 효율 u의 관계는 다음 식으로 표시되며 $u = \dfrac{x}{a + bx + cx^2}$, 이때 a는 주로 모터의 쇠로 만들어

진 부분에서 생기는 저항에 좌우되는 상수이다. 모터의 효율이 극대가 되는 출력의 값을 나타내는 식을 구하라.

(10) 한 증기선의 석탄 소비량을 다음 식으로 표시된다고 가정하자. $y = 0.3 + 0.001v^3$, 이때 y는 시간당 소비되는 석탄의 톤수, v는 증기선의 속력을 시간당 항해한 거리를 해리의 단위로 표시한 것이다. 1시간 동안 증기선 운항에 따른 임금, 자본에 대한 이자, 선박의 감가상각비는 셋을 모두 합쳐서 석탄 1톤의 값과 같다. 1,000해리를 항해할 때 드는 총경비가 가장 적게 되는 배의 속력은 얼마인가? 석탄의 가격이 톤당 10만 원이라면 1,000해리를 항해할 때 드는 최소 경비는 얼마나 되는가?

(11) $y = \pm \dfrac{x}{6}\sqrt{x(10-x)}$ 의 극대, 극소를 구하라(9장의 예제(10)번을 참조하라.)

(12) $y = 4x^3 - x^2 - 2x + 1$의 극대, 극소를 구하라.

13

또 달리 변형시켜 푸는 법

부분분수식

분수를 미분하는 경우 우리는 복잡한 방법으로 풀었다. 이때 분수가 간단한 것이 아닐 때는 미분 결과가 복잡하게 나타났다. 그러면 복잡한 분수를 간단한 분수로 분리시켜 이들의 합이 본래의 분수와 같게 만들 수만 있다면, 이를 간단한 분수들을 쉽게 미분할 수 있을 것이다. 그리고 간단하게 된 부수들을 각각 미분한 것을 모두 합한 것이 본래의 식을 부분분수로 분할하지 않고 미분한 결과와 같게 된다면, 이렇게 복잡한 분수를 간단하게 분리시켜 미분하는 것이 훨씬 수월하고 간단하다.

이러한 방법이 가능한 이유를 보자. 우선 두 개의 분수를 더하여 어떤 분수를 구해 보자. 예를 들어 두 분수가 각기 $\dfrac{1}{x+1}$과 $\dfrac{2}{x-1}$라 하자. 누구든지 이 분수들을 합할 수 있으며 그 합은 $\dfrac{3x+1}{(x+1)(x-1)}$이 된다. 이와 같은 방법으로 세 개 혹은 그 이상의 분수들도 더할 수 있다. 그러면 이번에는 이 과정을 반대로 진행시켜 보자. 즉, $\dfrac{3x+1}{x^2-1}$과 같은 분수가 주어지면 이것을 두 개의 부분분수로 분할시킬 수 있다. 그러면 어떻게 부분분수로 분할시킬 수 있을까? 이 방법을 알기 위해 우선 간단한 경우를 생각해 보자. 그러나 중요하게 유의할 점은 부분분수식에 의한 방법은 진분수(proper fraction)의 경우에만 적용이 된다. 진분수란 위의 예에서 본 분수들과 같이 분자의 차수가 분모의 차수보다 작은 분수를 말한다.[3] 즉 x의 가장 큰 차수가 분모에서보다 분자에서 더 작은 경우와 같은 것이다.

$\dfrac{x^2+2}{x^2-1}$와 같은 분수식에서 보면 분자와 분모에 있어서 x의 차수가 같은데 이러한 경우에는 분자를 분모로 나누어 간단하게 만들 수 있다. 즉 이것은 $1+\dfrac{3}{x^2-1}$과 같으며 $\dfrac{3}{x^2-1}$은 위에서 설명한 방법으로 부분분수로 분할하는 방법이 적용될 수 있는 진분수이다.

(보기) 1. 분모가 x^2, x^3 혹은 x의 다른 차수로 되어 있지 않고 단지 x만을 가지는 분수를 두 개 혹은 그 이상을 더한다면, 부분분수를 더하여 얻은 분수의 분모는 언제나 더해진 부분분수식의 분모들을 곱하여 얻어진 것과 같다. 그러므로 (더하여 얻은) 분수의 분모를 분할하여 우리가 구하고자 하는 부분분수들 각각의 분모들을 알 수 있다.

앞에서 예로 들었던 $\dfrac{3x+1}{x^2-1}$의 경우 부분분수는 각각 $\dfrac{1}{x+1}$과 $\dfrac{1}{x-1}$이었다. 부분분수를 몰랐다고 한다면 분모들을 미지로 남겨

---

3) 분자의 차수가 분모의 차수보다 작지 않을 때에는 이 분수를 가분수(improper fraction)라 한다.

둔 다음과 같이 놓을 수 있다.

$$\frac{3x+1}{x^2-1}=\frac{3x+1}{(x+1)(x-1)}=\frac{}{x+1}+\frac{}{x-1}$$

두 부분분수 사이에 놓이는 부호는 언제나 (+)라고 가정한다. 만약 (-)라고 놓으면 다음에 오는 부분분수의 분자가 (-)가 된다. 또한 부분분수들은 진분수들이기 때문에 분자들은 x를 절대로 가지지 않는 숫자에 불과할 것이며, 우선 그 분수들을 편리하게 미정계수 A, B, C…로 놓는다. 그러므로 이 경우에 있어서는 다음과 같다.

$$\frac{3x+1}{x^2-1}=\frac{A}{x+1}+\frac{B}{x-1}$$

그러면 이 두 개의 부분분수들을 더해 보자.

$\frac{A(x-1)}{(x+1)}+\frac{B(x+1)}{(x+1)}$ 이 되며 이것은 $\frac{3x+1}{(x+1)(x-1)}$ 과 같아야 한다. 그런데 이들의 경우 분모들은 같으므로 분자들 역시 같아야 한다. 그러므로

$$3x+1=A(x-1)+B(x+1)$$

이 식은 두 개의 미지수를 갖고 있으며, 문제를 풀어 A와 B를 구하려면 또 다른 관계식이 하나 더 있어야 한다. 그러나 이러한 문제점을 다루는 방법이 있다. 이 식은 x의 모든 값에서 사실이어야 하므로 $x-1$과 $x+1$이 각각 0이 되는 x의 값, 다시 말해서 $x=1$과 $x=-1$인 경우에도 사실이어야 한다.

$x=1$이면 $4=(A\times0)+(B\times2)$, 그러므로 $B=2$, $x=-1$이면 $-2=(A\times-2)+(B\times0)$, 그러므로 $A=1$이 된다.[4]

---

[4] $3x+1=A(x-1)+B(x+1)$은 다음과 같이 A, B를 구할 수 있다.
즉 $\quad 3x+1=Ax-A+Bx+B=(A+B)x-(A-B),$
$\therefore A+B=3, \ -(A-B)=1,$ 그러므로 $A=1, B=2$

A와 B의 값을 구하고자 하는 부분분수들에 대입시키면 $\dfrac{1}{x+1}$

과 $\dfrac{2}{x-1}$가 된다.

또 하나의 예로서, $\dfrac{4x^2+2x-14}{x^3+3x^2-x-3}$를 부분분수로 분할해 보자.
여기에서 x의 값이 1이면 분모항이 0이 된다. 그러므로 $(x-1)$이
하나의 인수가 되며 구하고자 하는 부분분수들 중 하나의 분모가
된다. 따라서 또 다른 인수는 x^2+4x+3인데 이것은
$(x+1)(x+3)$으로 분할 될 수 있다. 그르므로 주어진 분수를 다
음과 같이 세 개의 부분분수로 분할할 수 있다.

$$\dfrac{4x^2+2x-14}{x^3+3x^2-x-3}=\dfrac{A}{x+1}+\dfrac{B}{x-1}+\dfrac{C}{x+3}$$

앞에서와 같이 이것을 풀면

$$4x^2+2x-14=A(x-1)(x+3)+B(x+1)(x+3)+C(x+1)(x-1)$$

$x=1$이면

$$-8=(A\times0)+B(2\times4)+(C\times0),$$

그러므로 $B=-1$

$x=-1$이면

$$-12=A(-2\times2)+(B\times0)+(C\times0),$$

그러므로 $A=3$

$x=-3$이면

$$16=(A\times0)+(B\times0)+C(-2\times-4),$$

그러므로 $C=2$

그러므로 부분분수는 다음과 같이 된다.

$$\dfrac{3}{x+1}-\dfrac{1}{x-1}+\dfrac{2}{x+3}$$

이 식은 이 식이 유도된 본래의 복잡한 식보다는 훨씬 쉽게 x에 대하여 미분될 수 있다.

(보기) 2. 분모의 어떤 인수들이 x^2과 같은 항을 가지고 있어서 인수분해가 쉽게 되지 않을 때는, 분자는 x항을 가질 수 있다.

그러므로 미지의 분모를 A와 같은 단일 항으로 놓지 않고 $Ax+b$와 같이 놓지 않으면 안 되며, 그 다음의 계산은 앞의 경우와 마찬가지다. 예를 들어 다음의 식을 부분분수로 고쳐 보자.

$$\frac{-x^2-3}{(x^2+1)(x+1)}$$

$$\frac{-x^2-3}{(x^2+1)(x+1)} = \frac{Ax+B}{x^2+1} + \frac{C}{x+1}$$

$$= \frac{(Ax+B)(x+1) + C(x^2+1)}{(x^2+1)(x+1)}$$

$$-x^2-3 = (Ax+B)(x+1) + C(x^2+1)$$

$x=-1$로 놓으면

$$-4 = C \times 2, \quad C = -2$$

그러므로

$$-x^2-3 = (Ax+B)(x+1) - 2x^2 - 2$$
$$x^2-1 = Ax(x+1) + B(x+1)$$

$x=0$으로 놓으면

$$-1 = B$$

그러므로

$$x^2-1 = Ax(x+1) - x - 1 \quad \text{또는} \quad x^2+x = Ax(x+1)$$
$$x+1 = A(x+1)$$

그러므로 $A=1$, 구하는 부분분수는

$$\frac{x-1}{x^2+1}-\frac{2}{x+1}$$

이다.

예를 하나 더 들면

$$\frac{x^3-2}{(x^2+1)(x^2+2)}$$
$$=\frac{Ax+B}{(x^2+1)}+\frac{Cx+D}{(x^2+2)}$$
$$=\frac{(Ax+B)(x^2+2)+(Cx+D)(x^2+1)}{(x^2+1)(x^2+2)}$$

이 경우에 있어서는 A,B,C,D를 구하는 것이 그다지 쉽지가 않다. 다음과 같이 풀면 간단하다. 주어진 식의 분수는 구하고자 하는 부분분수들을 더한 합과 같기 때문에 이들의 분모는 똑 같으며, 따라서 분수도 마찬가지로 같아야 한다. 그러므로 지금 풀고 있는 문제의 경우에서는 **같은 차수를 가지는 x의 계수는 같으며 또 부호도 같아야 한다.** 그러므로

$$x^3-2=(Ax+B)(x^2+2)+(Cx+D)(x^2+1)$$
$$=Ax^3+2Ax+Bx^2+2B+Cx^3+Cx+Dx^2+D$$
$$=(A+C)x^3+(B+D)x^2+(2A+C)x+2B+D$$

$$A+C=1 \qquad\qquad B+D=0$$
$$2A+C=0 \qquad\qquad 2B+D=-2$$

이 연립 방정식을 풀면

$$A=-1,\ B=-2,\ C=2,\ D=2$$

그러므로 구하는 부분분수는

$$\frac{x^3-2}{(x^2+1)(x^2+2)}=\frac{2(x+1)}{(x^2+2)}-\frac{x+2}{(x^2+1)}$$

흔히 이 방법을 사용한다. 그러나 처음의 보기를 풀 때 사용한

방법이 인수가 x인 때에는 가장 빠르게 푸는 방법이다.

(보기) 3. 분모의 인수가 어떤 지수를 가지고 있을 때에는 구하고자 하는 부분분수의 분모는 그 지수의 가장 작은 지수로부터 가장 큰 지수에 이르기까지 차례로 지수를 가질 수 있게 놓아야 한다.

예를 들면 $\dfrac{3x^2-2x+1}{(x+1)^2(x+2)}$ 를 부분분수로 고치는 경우, 분모는 $(x+1)$은 물론 $(x+1)^2$과 $(x-2)$를 가질 수 있도록 놓아야 한다.

그리고 이때 분모가 $(x+1)^2$인 부분분수의 분자는 x항을 가지기 때문에 분자를 구하기 위해 $Ax+B$라고 놓아야 되리라고 생각할 수도 있다. 그러므로

$$\frac{3x^2-2x+1}{(x+1)^2(x-2)}=\frac{Ax+B}{(x+1)^2}+\frac{C}{(x+1)}+\frac{D}{(x-2)}$$

그러나 여기에서 A, B, C, D를 각각 구하려고 하면, 미지수가 4개이기 때문에 구할 수가 없다. 그르므로 이 부분분수들을 더하여 연결할 수 있는 3개의 관계가 있을 뿐이다. 즉

$$\frac{3x^2-2x+1}{(x+1)^2(x-2)}=\frac{x-1}{(x+1)^2}+\frac{1}{x+1}+\frac{1}{x-2}$$

그러나 위와는 달리 다음과 같이 놓으면

$$\frac{3x^2-2x+1}{(x+1)^2(x-2)}=\frac{A}{(x+1)^2}+\frac{B}{(x+1)}+\frac{C}{(x-2)}$$
$$3x^2-2x+1=A(x-2)+B(x+1)(x-2)+C(x+1)^2$$

그러므로

$x=-1$일 때 $6=-3A$, $A=-2$

$x=2$일 때 $9=9C$, $C=1$

$$x = 0 \text{ 일 때 } 1 = -2A - 2B + C$$

A와 C의 값을 대입하면

$$1 = 4 - 2B + 1, B = 2$$

그러므로 $\dfrac{3x^2 - 2x + 1}{(x+1)^2(x-2)}$ 의 부분분수는

$$\frac{1}{(x+1)} + \frac{x-1}{(x+1)^2} + \frac{1}{(x-2)}$$

이라기보다

$$\frac{2}{(x+1)} - \frac{2}{(x+1)^2} + \frac{1}{(x-2)}$$

이 된다.

이렇게 이해하기 어려운 결과는 $\dfrac{x-1}{(x+1)^2}$ 이

$\dfrac{1}{(x+1)} - \dfrac{2}{(x+1)^2}$ 라는 부분분수로 나누어진다는 것을 알면 한층

명백해질 것이다. 그러므로

$$\frac{1}{(x+1)} + \frac{x-1}{(x+1)^2} + \frac{1}{(x-2)}$$

이라는 세 개의 부분분수는 또다시

$$\frac{1}{(x+1)} + \frac{1}{(x+1)} - \frac{2}{(x+1)^2} + \frac{1}{(x-2)}$$

로 나눠지며 이것은 즉,

$$\frac{2}{(x+1)} - \frac{2}{(x+1)^2} + \frac{1}{(x-2)}$$

후에 얻은 부분분수들이 된다.

부분분수의 분자는 1항으로 된 숫자 하나로 놓으면 충분하며, 그러므로 완전한 부분분수식을 구할 수 있다.

그러나 분모에 x^2항이 있을 때에는 이에 해당하는 분자는 $Ax + B$의 형태가 되어야 한다. 예를 들면

$$\frac{3x-1}{(2x^2-1)^2(x+1)} = \frac{Ax+B}{(2x^2-1)^2} + \frac{Cx+D}{(2x^2-1)} + \frac{E}{(x+1)}$$

그러므로

$$3x-1 = (Ax+B)(x+1) + (Cx+D)(x+1)(2x^2-1) + E(2x^2-1)^2$$

$x = -1$일 때 $E = -4$

대입하고, 도치시켜 유사항을 모아 $x+1$로 나누면

$$16x^3 - 16x^2 + 3 = 2Cx^3 + 2Dx^2 + x(A-C) + (B-D)$$

그러므로

$2C = -16, \quad C = 8$
$2D = -16, \quad D = -8$

$A - C = 0, \quad A - 8 = 0, \quad A = 8$
$B - D = 3, \quad B + 8 = 3, \quad B = -5$

그러므로 다음과 같은 부분분수들이 된다.

$$\frac{3x-1}{(2x^2-1)^2(x+1)} = \frac{8x-5}{(2x^2-1)^2} + \frac{8(x-1)}{(2x^2-1)} - \frac{4}{(x+1)}$$

이렇게 얻어진 결과를 증명해 보는 것은 매우 유익한 데 가장 간단한 방법은 주어진 식과 구해진 부분분수식에 x에 +1과 같은, 단일한 숫자로 대입해서 비교해 보는 것이다.

주어진 식의 분모가 1개 항의 미지수를 가질 때는 언제나 가장 간편한 방법이 다음과 같다.

$\dfrac{4x+1}{(x+1)^3}$을 예를 들면, $x+1 = z$로 두자. 그러면 $x = z-1$이 된다.

이 x를 본식에 대입하면

$$\frac{4(z-1)+1}{z^3} = \frac{4z-3}{z^3} = \frac{4}{z^2} - \frac{3}{z^3}$$

그러므로 부분분수들은

$$\frac{4x+1}{(x+1)^3} = \frac{4}{(x+1)^2} - \frac{3}{(x+1)^3}$$

이 된다.

부분분수들로 바꾸는 방법은 다시 말해서 미분을 간단히 해보려는 생각으로부터 출발한 것인데, 마지막으로 미분 문제를 예로 들어 그 간편함을 보기로 하자.

$y = \dfrac{5-4x}{6x^2+7x-3}$ 를 미분하는 경우

$$\frac{dy}{dx} = -\frac{(6x^2+7x-3)4+(5-4x)(12x+7)}{(6x^2+7x-3)^2}$$

$$= \frac{24x^2-60x-23}{(6x^2+7x-3)^2}$$

위의 식을 부분분수로 분할시켜 미분하면

우선 $\dfrac{5-4x}{6x^2+7x-3} = \dfrac{1}{3x-1} - \dfrac{2}{2x+3}$

그러나 이 식을 미분하면

$$\frac{dy}{dx} = -\frac{3}{(3x-1)^2} + \frac{4}{(2x+3)^2}$$

가 되며 이 결과는 부분분수로 분할시킨 후 미분한 결과와 똑같은 것이다. 그러나 일단 미분한 후에 그 결과를 부분분수로 분할하는 것은 더 복잡하다. 이러한 것들은 적분(積分, integration)하는 경우에 있어서는 부분분수로 분할하는 방법은 귀중한 보조수단이 될 것이다(255페이지 참조).

※ 다음을 부분분수로 분할하라.

(1) $\dfrac{3x+5}{(x-3)(x+4)}$ (2) $\dfrac{3x-4}{(x-1)(x-2)}$

(3) $\dfrac{3x+5}{x^2+x-12}$ (4) $\dfrac{x+1}{x^2-7x+12}$

(5) $\dfrac{x-8}{(2x+3)(3x-2)}$ (6) $\dfrac{x^2-13x+26}{(x-2)(x-3)(x-4)}$

(7) $\dfrac{x^3-3x+1}{(x-1)(x+2)(x-3)}$ (8) $\dfrac{5x^2+7x+1}{(2x+1)(3x-2)(3x+1)}$

(9) $\dfrac{x^2}{x^3-1}$ (10) $\dfrac{x^4+1}{x^3+1}$

(11) $\dfrac{5x^2+6x+4}{(x+1)(x^2+x+1)}$ (12) $\dfrac{x}{(x-1)(x-2)^2}$

(13) $\dfrac{x}{(x^2-1)(x+1)}$ (14) $\dfrac{x+3}{(x+2)^2(x-1)}$

(15) $\dfrac{3x^2+2x+1}{(x+2)(x^2+x+1)^2}$ (16) $\dfrac{5x^2+8x-12}{(x+4)^3}$

(17) $\dfrac{7x^2+9x-1}{(3x-2)^4}$ (18) $\dfrac{x^2}{(x^3-8)(x-2)}$

역함수의 미분

함수 $y=3x$(19페이지 참조)를 보면, 이 식은 $x=\dfrac{y}{3}$의 형태로
표시할 수 있으며, 이러한 형태의 함수를 본래의 함수에 대한 역
함수(inverse function)라고 부른다.

이것을 미분하면

$$y = 3x, \quad \frac{dy}{dx} = 3$$

$$x = \frac{y}{3}, \quad \frac{dx}{dy} = \frac{1}{3}$$

그러므로 $\dfrac{dy}{dx} = \dfrac{1}{\frac{dx}{dy}}$ 또한 $\dfrac{dy}{dx} \times \dfrac{dx}{dy} = 1$이 된다.

$y = 4x^2$의 경우 $\dfrac{dy}{dx} = 8x$, 이것의 역함수는

$$x = \frac{y^{\frac{1}{2}}}{2} \text{이며, } \frac{dx}{dy} = \frac{1}{4\sqrt{y}} = \frac{1}{4 \times 2x} = \frac{1}{8x}$$

여기에서도 $\dfrac{dy}{dx} \times \dfrac{dx}{dy} = 1$이 된다.

역함수로 바꾸어 놓을 수 있는 모든 함수는 다음과 같이 쓸 수 있다.

$$\frac{dy}{dx} \times \frac{dx}{dy} = 1 \text{ 또는 } \frac{dy}{dx} = \frac{1}{\frac{dx}{dy}}$$

어떤 함수가 주어졌을 때, 이것을 역함수로 고쳐 미분하는 것이 용이하다면, 역함수로 고쳐 미분한 다음 이 역함수의 미분 값의 역수를 구하면 이것이 바로 본래 주어진 함수의 미분계수가 된다.

예를 들어서 다음 식을 미분해 보자.

$$y = \sqrt[2]{\frac{3}{x} - 1}$$

앞에서 배운 바와 같이 $u = \dfrac{3}{x} - 1$로 놓은 후 $\dfrac{dy}{du}$와 $\dfrac{du}{dx}$를 구하면, 결과적으로 답은 다음과 같다.

$$\frac{dy}{dx} = -\frac{3}{2x\sqrt{\dfrac{3}{x}-1}}$$

이렇게 미분하는 법을 잊은 경우라든가 혹은 위에서 미분한 결과를 다른 방법으로 미분한 결과를 비교 검토해 보고자 할 때는 다음과 같이 미분할 수 있다.

$y = \sqrt[2]{\dfrac{3}{x}-1}$ 의 역함수는 $x = \dfrac{3}{1+y^2}$,

이것을 미분하면

$$\frac{dx}{dy} = -\frac{3\times 2y}{(1+y^2)^2} = -\frac{6y}{(1+y^2)^2}$$

$$\therefore \frac{dy}{dx} = \frac{1}{\dfrac{dx}{dy}} = -\frac{(1+y^2)^2}{6y} = -\frac{\left(1+\dfrac{3}{x}-1\right)^2}{6\times\sqrt{\dfrac{3}{x}-1}}$$

$$= -\frac{3}{2x\sqrt{\dfrac{3}{x}-1}}$$

또 하나의 다른 예를 들어 보자.

$$y = \frac{1}{\sqrt[3]{\theta+5}}$$

이 함수의 역함수는

$$\theta = \frac{1}{y^3} - 5 \ \text{ 또는 } \ \theta = y^{-3} - 5$$

$$\frac{d\theta}{dy} = -3y^{-4} = -3\sqrt[3]{(\theta+5)^4}$$

$$\therefore \frac{dy}{d\theta} = -\frac{1}{3\sqrt[3]{(\theta+5)^4}}$$

이러한 미분방법은 앞으로 배우게 될 복잡한 함수들을 미분하는 경우에 매우 유용하게 쓰이게 된다.

이러한 미분법을 좀 더 익숙하게 다루기 위해 이 방법을 이용하여 다음의 문제들을 풀어서 그 전에 구했던 해답들과 비교해 보라.

연습문제 1(31페이지)의 (5), (6), (7), 81~82페이지의 (예제) (1),(2),(4), 연습문제 6(87페이지)의 (1), (2), (3), (4).

이번 장을 공부한 여러분은 앞으로 미적분은 여러 점으로 볼 때 과학이라기보다 예술이라고 생각할 것이다. 그리고 모든 예술이 그러하듯이 예술은 오직 꾸준한 연습을 해야만 성취될 수 있는 것이다. 그러므로 많은 문제를 푸는 연습을 계속해야 하며, 스스로 문제를 만들어서 여러 가지 방법들이 익숙하게 될 때까지 문제들을 풀어보면 미적분이라는 예술을 깊이 이해하게 된다.

14
복리의 계산과 생물체의 성장

어떤 양이 커질 때 주어진 시간 동안에 커지는 양(增分, increment)이 그것 자체의 크기에 비례하는 경우는 수학적으로 어떻게 풀이 되는가를 생각해 보자. 이러한 것은 이율을 일정하게 정해 놓았을 때 원금에 대한 이자를 계산하는 것과 비슷한데 원금이 크면 클수록 일정 기간 동안의 원금에 대한 이자는 점점 더 커지게 된다.

중고등학교 수학 교과서들에서 다루고 있는 **단리**(單利, simple interest)와 **복리**(復利, compound interest)로 나누어 생각해 보자. 단리 계산에 있어서는 원금은 일정하여 변함이 없으나, 복리 계산에 있어서는 이자액이 원급에 가산되기 때문에 원금도 계속 늘어난다.

(1) 단리 계산

원금이 100만 원, 연이율 1할(10%)인 경우를 생각해 보자. 채권자가 이자로 받게 되는 돈은 매년 10만 원이 된다. 이자를 매년 받아서 10년 간 저금을 계속하면 10만 원의 10배인 100만 원이 되는데, 이 이자액을 원금 100만 원과 합치면 모두 200만 원이 된다. 결과적으로 원금이 10년 동안에 두 배가 된다. 만약 이율이 연이율 5%라면 원금을 두 배로 늘리는 데는 20년간 저금해야 한다. 또 만약 연이율 2%라면 무려 50년간 저금해야 한다. 그러므로 연이자가 원금의 $\frac{1}{n}$이라면, 원금을 두 배로 늘리기 위해서는 n년 동안 저금을 해야 한다는 것을 쉽게 알 수 있다.

또 다음과 같이 표현할 수도 있다. 원금을 y, 연이자를 $\frac{y}{n}$라고 하면, n년 후에는 원금과 이자를 합한 금액이

$$y + n\frac{y}{n} = 2y$$

가 된다.

(2) 복리계산

위의 단리 계산에서 예를 든 것과 같이 원금이 100만 원, 연이율 10%로 이자를 받는 경우에 있어서, 매년 받는 이자를 저금하지 않고 원금에다 가산시켜 놓는다면 원금은 해가 갈수록 점점 더 커질 것이다. 그러므로 1년 후에 원금은 110만 원이 되고, 2년 후에는 (연이율 10%로 변동 없이) 이자가 11만 원이 된다. 그러므로 3년째에는 원금이 121만 원으로 시작되며, 그 해의 이자는 12.1만 원(121,000원)이 된다. 그러므로 4년째에는 원금이 133.1만 원으로 시작하게 된다. 이러한 계산은 아주 쉬우며 10년 후에는 총 자산이 모두 2,593,750원 된다. 매년 말에 만원 권 1장은 액면가의 $\frac{1}{10}$인 1,000원씩 증가한 셈이 된다. 그러므로 $\frac{1}{10}$이라는 금액을 더하면 원금에 $\frac{11}{10}$을 곱하는 결과가 된다. 이것을 10년 동안 계속하면 결과적으로 원금에 2.59375를 곱하게 되는 것이다. 이러한 계산을 수학적인 기호로써 나타내 보자.

y_0을 본래의 원금, $\frac{1}{n}$을 매번 가산되는 이율, n년 후의 총자산을 y_n라고 하면

$$y_n = y_0 (1 + \frac{1}{n})^n$$

가 된다.

그러나 이러한 방법으로 1년에 한 번씩 연말에 복리계산을 하는 것은 합리적이지 못하다. 첫해 동안에는 100만 원은 연중 계속 불어나고 있기 때문이다. 6개월 후에는 적어도 105만 원이 되어 있어야 하며, 후반기 6개월 간의 원금은 105만 원으로 계산되어야 좀 더 합리적이다. 그러므로 반년 간에 5%의 이율로 20회 이자 계산을 한 것과 같다.

이 결과 계산할 때마다 원금에 $\frac{21}{20}$을 곱해주는 것과 같다. 이런 식으로 계산하면 10년 후에 자산은 모두 265.4만 원이 된다. 즉, 원금에

$$(1 + \frac{1}{20})^{20} = 2.654$$

를 곱한 결과이다.

그러나 이렇게 1년을 반년씩 나누어 이자 및 원금 계산을 하는 것도 합리적이지 못하다. 왜냐하면 6개월 후 이자 계산을 할 때까지는 원금은 이자를 늘리지 않고 이율이 적용 안된 것처럼 남아 있었다는 가정이 된다. 그렇지만 1개월 후에도 이자가 조금은 생겼을 것은 틀림이 없다. 1년을 10등분 하여, 1%의 이율로 10년 후의 이자 및 원금을 계산한다고 하면 총자산은

$$y_n = 100만원(1 + \frac{1}{100})^{100} = 2,704,813원$$

이 된다.

이것 역시 충분하지 못하다. 10년을 1,000 분기별로 나누어 이자 계산을 한다고 하면, 1년을 100분기별로 계산하는 것과 같으며 이때의 이자는 매 분기마다 $\frac{1}{10}$%가 된다. 그러므로 결과는 다음과 같다.

$$y_n = 100만 \; 원(1+\frac{1}{1,000})^{1,000} = 2,716,923원$$

분기별 이자 계산을 좀 더 세분하여 10년을 10,000분기별로 나누어 한다면 이때의 이자는 매분기마다 $\frac{1}{100}$%가 되며

$$y_n = 100만 \; 원(1+\frac{1}{10,000})^{10,000} = 2,718,145원$$

그러므로 $(1+\frac{1}{n})^n$이라는 식의 실제 값을 구하려고 하는 것인데, 위의 실제 계산에서 본 바와 같이 그 값은 2보다는 크고 n의 값이 커지면 커질수록 어떤 특정한 극한 값에 가까워지고 있다는 것을 알 수 있다. n을 아무리 크게 잡아도 이 식의 값은 2.7182818…이라는 수에 가까워진다. 이 수는 매우 중요하며 절대로 잊어서는 안 된다.

위에서 설명한 단리와 복리 계산을 기하학적인 도형으로 설명해 보자. 〈그림 36〉에서 OP는 원금을 나타내며, OT는 원금이 늘어나는 총시간이다. 10분기별로 나누어지면 매분기마다 증가량은 동일하다.

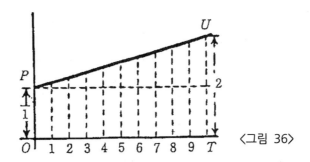

〈그림 36〉

즉 여기에서 $\dfrac{dy}{dx}$ 는 일정하다. 분기별 증가량이 원금 OP의 $\dfrac{1}{10}$ 이라면, 10번 증가하여 높이는 원금의 2배가 된다. 20분기별로 계산하면 원금의 $\dfrac{1}{20}$ 씩 20번 증가하여 원금의 2배가 된다. 즉 원금 OP의 $\dfrac{1}{n}$ 을 잡으면 n번 증가하여 원금의 2배가 되며 이것은 단리 계산의 경우가 된다. 여기에는 1은 점점 커져서 2가 된다.

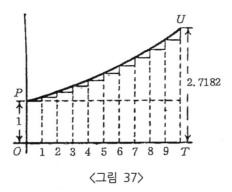

〈그림 37〉

〈그림 37〉은 복리계산의 기하학적인 풀이를 보여주는데 계속되는 증가량은 $1+\dfrac{1}{n}$ 이며, 다시 말하여 어느 분기의 증가량은 바로 전 분기의 증가량 보다 $\dfrac{n+1}{n}$ 배 커지는 것이다. 이때 분기별 증

150

가량은 동일하지 않다. 왜냐하면 분기별 증가량은 곡선의 어느 지점에의 높이의 $1/n$이 되기 때문이다. 실제로 10번 증가하면 $(1+\frac{1}{10})$이라는 값을 곱해 주게 되며 결국은 총액이 $(1+\frac{1}{10})^{10}$ 즉, 원금 1의 2.5937425가 된다. 그러나 n을 아주 크게 하여 $1/n$의 값이 극히 작아지도록 한다면 $(1+\frac{1}{n})^n$의 실제 값은 2.7182818에 가까워진다.

엡실론(Epsilon)5)

이 2.7182818…이라는 신비한 수를 수학자들은 그리스문자 ϵ(엡실론) 영어로는 e라는 표기를 하였다. 학생들은 누구나 그리스문자 π가 3.141592…을 표시한다는 것을 알고 있지만 $\epsilon(e)$이 2.7182818…을 표시한다는 것을 과연 몇이나 알고 있는가? 그러나 $\epsilon(e)$는 π보다도 한층 중요한 수다.

그러면 도대체 **엡실론**의 정체는 무엇인가?

단리계산법으로 1이 증가하여 2가 된다고 하면 같은 이율일 때 이것을 복리계산법으로 계산하면 1은 증가하여 엡실론의 값이 된다.

순간순간마다 그 순간에 있어서의 크기에 비례하여 증가하는 것을 대수적 증가율(logarithmic growth rate)이라고 하며, 단위 대수적 증가율은 단위 시간에 1이 2.7182818로 증가하는 율을 말한다. 그것은 또한 생물체의 성장률(organic growth rate)이라고도 하는데 주어진 조건하에서 생물체의 성장은 그 당시 그 생물체 크기에 비례하기 때문이다.

---

5) 로그를 처음으로 고안해 낸 스코틀랜드의 수학자 John Napier(1550-1617)의 이름을 따서 "네이피어의 밑수"라고도 부른다.

단위 시간에 있어서 단위 증가율은 100%를 잡고 1이 단위 시간 동안에 산술적으로 증가한다면 2가 되며, 1이 단위 시간 동안에 대수적으로 증가한다면 2.7182818…이 된다.

엡실론(ϵ)에 대한 좀 더 상세한 설명을 하면 우리는 $(1+\frac{1}{n})^n$ 라는 식의 값이 n이 무한히 큰 경우에 어떠한 수가 되는가를 알았다. $n=2$, $n=5$, $n=10$, n을 계속 크게 하여 $n=10,000$일 때의 값들을 계산해 보면 다음과 같다.

$$(1+\frac{1}{2})^2 = 2.25$$

$$(1+\frac{1}{5})^5 = 2.489$$

$$(1+\frac{1}{10})^{10} = 2.594$$

$$(1+\frac{1}{20})^{20} = 2.563$$

$$(1+\frac{1}{100})^{100} = 2.704$$

$$(1+\frac{1}{1,000})^{1000} = 2.7171$$

$$(1+\frac{1}{10,000})^{10,000} = 2.7182$$

그러나 이 중요한 수를 다른 방법으로 산출해 보는 것도 대단히 의미가 있다. 우리가 잘 알고 있는 **이항정리**(二項定理, Binomial theorem)를 이용하여 이것을 전개시킬 수가 있는데, 이항정리의 전개는 다음과 같다.

$$(a+b)^n = a^n + n\frac{a^{n-1}b}{1!} + n(n-1)\frac{a^{n-2}b^2}{2!} + n(n-1)(n-2)\frac{a^{n-3}b^3}{3!} + \ldots$$

$a=1$, $b=\dfrac{1}{n}$ 로 놓으면 다음과 같이 된다.

$$1+\frac{1}{n}=1+1+\frac{1}{2!}(\frac{n-1}{n})+\frac{1}{3!}\frac{(n-1)(n-2)}{n^2}$$

$$+\frac{1}{4!}\frac{(n-1)(n-2)(n-3)}{n^3}+\cdots$$

여기에서 n을 무한히 크게 한다면 결과적으로 $n-1$, $n-2$, $n-3\cdots$과 같은 것들은 모두 n와 마찬가지로 볼 수 있다. 그러므로 이항정리의 전개는

$$e=1+1+\frac{1}{2!}+\frac{1}{3!}+\frac{1}{4!}+\cdots$$

각 항을 얼마든지 계산할 수 있으며 10항까지 계산하여 더할 수 있다.

	1.000000
1!로 나누면	1.000000
2!로 나누면	0.500000
3!로 나누면	0.166667
4!로 나누면	0.041667
5!로 나누면	0.008333
6!로 나누면	0.001389
7!로 나누면	0.000198
8!로 나누면	0.000025
9!로 나누면	0.000002
합계	2.718281

---

e는 1로 약분할 수 없는 수이며, π와 마찬가지로 무리수다.

지수급수(Exponential series)

우리는 또 다른 급수를 알아야 한다. 또 다시 이항정리를 이용하여 $(1+\frac{1}{n})^{nx}$를 전개해 보자. 이 때 n을 무한히 크게 하면 이 식은 e^x와 같은 것이다.

$$e^x = 1^{nx} + nx\frac{1^{nx-1}(\frac{1}{n})}{1!} + nx(nx-1)\frac{1^{nx-2}(\frac{1}{n})^2}{2!}$$

$$+ nx(nx-1)(nx-2)\frac{1^{nx-3}(\frac{1}{n})^3}{3!} + \dots$$

$$= 1 + x + \frac{1}{2!} \cdot \frac{n^2x^2 - nx}{n^2} + \frac{1}{3!} \cdot \frac{n^3x^3 - 3n^2x^2 + 2nx}{n^3} + \dots$$

$$= 1 + x + \frac{x^2 - \frac{x}{n}}{2!} + \frac{x^3 - \frac{3x^2}{n} + \frac{2x}{n^2}}{3!} + \dots$$

그러나 n을 무한히 크게 하면 다음과 같이 간단히 줄일 수 있다.

$$e^x = 1 + x + \frac{x^2}{2!} + \frac{x^3}{3!} + \frac{x^4}{4!} + \dots$$

이러한 급수를 **지수급수**라고 부른다.

e가 가장 중요하게 취급되는 점은 이 함수는 x의 다른 어떤 함수와는 달리 「미분을 해도 그 값은 변함이 없다」는 성질을 갖고 있기 때문이다. 즉, 미분을 한 함수는 그 자신과 같다. 이것은 아래와 같이 미분해 보면 쉽게 알 수 있다.

$$\frac{d(e^x)}{dx} = 0 + 1 + \frac{2x}{1\cdot2} + \frac{3x^2}{1\cdot2\cdot3} + \frac{4x^3}{1\cdot2\cdot3\cdot4} + \frac{5x^4}{1\cdot2\cdot3\cdot4\cdot5} + \cdots$$
$$= 1 + x + \frac{x^2}{1\cdot2} + \frac{x^3}{1\cdot2\cdot3} + \frac{x^4}{1\cdot2\cdot3\cdot4} + \cdots$$

즉, 이것은 본래의 급수와 동일한 것이다.

반대로 미분계수가 그것 자체와 같은 x의 함수를 구하는 방법으로 생각해 보자. 다시 말해서 미분을 해도 변하지 않고 그대로 있는 x의 어떤 함수가 있는가? 일반식을 다음과 같이 가정해 보면

$$y = A + Bx + Cx^2 + Dx^3 + Ex^4 + \cdots$$

여기에서 A, B, C, D 등의 계수를 찾아내야 되며, 이 식을 미분하면 다음과 같다.

$$\frac{dy}{dx} = B + 2Cx + 3Dx^2 + 4Ex^3 + \cdots$$

이것이 미분한 본래의 식과 동일하다면 다음의 조건이 성립되어야 한다.

$$A = B, \ C = \frac{B}{2} = \frac{A}{1\cdot2}, \ D = \frac{C}{3} = \frac{A}{1\cdot2\cdot3}, \ E = \frac{D}{4} = \frac{A}{1\cdot2\cdot3\cdot4}, \cdots$$

또 본식은 다음과 같이 바꾸어 쓸 수 있다.

$$y = A\left(1 + \frac{x}{1} + \frac{x^2}{1\cdot2} + \frac{x^3}{1\cdot2\cdot3} + \frac{x^4}{1\cdot2\cdot3\cdot4} + \cdots\right)$$

여기에서 $A = 1$이라고 하면

$$y = 1 + \frac{x}{1} + \frac{x^2}{1\cdot2} + \frac{x^3}{1\cdot2\cdot3} + \frac{x^4}{1\cdot2\cdot3\cdot4} + \cdots$$

이것은 아무리 미분해도 언제나 본래의 급수 그대로다. $A = 1$이 되는 특수한 경우에 이 급수를 계산해 보면 간단히 다음과 같이 된다.

$$x = 1 \text{일 때 } y = 2.718281... \text{ 즉 } y = e$$

$$x = 2 \text{일 때 } y = (2.718281...)^2 \text{ 즉 } y = e^2$$

$$x = 3 \text{일 때 } y = (2.718281...)^3 \text{ 즉 } y = e^3$$

그러므로

$$x = x \text{일 때 } y = (2.718281...)^x \text{ 즉 } y = e^x$$

$$e^x = 1 + \frac{x}{1} + \frac{x^2}{1 \cdot 2} + \frac{x^3}{1 \cdot 2 \cdot 3} + ...$$

〈지수를 읽는 법〉

e^x는 「e(엡실론)의 x제곱」이라고 읽는다. 그러므로 e^{pt}는 「e의 pt제곱」이라고 읽으며 e^{-2}는 「e의 -2제곱」 또 e^{-ax}는 「e의 $-ax$제곱」이라고 읽는다.

e^y역시 y에 대하여 미분하면 변하지 않고 e^y가 된다. 그러므로 e^{ax}는 $(a^a)^x$처럼 쓸 수 있고, 이것을 x에 대하여 미분하면 a는 상수이므로 ae^{ax}가 된다.

자연대수(내피어 로그, 自然對數)

e이 중요한 또 다른 이유의 하나는 대수를 발견해 낸 내피어 (Napier)에 의하여 e가 발견되었기 때문이다. 만일 e^x의 값이 y라고 하면 x는 e밑으로 하는 y의 대수다. 즉,

$$y = e^x$$
$$x = \log_e y$$

이 두 식을 그래프에 그리면 〈그림 38〉, 〈그림 39〉와 같다.

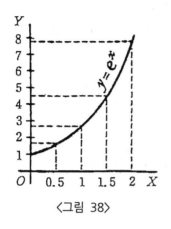

<그림 38>

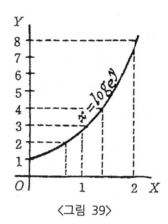

<그림 39>

x와 y의 점들을 계산해 보면

〈그림 38〉의 경우

x	0	0.5	1	1.5	2
y	1	1.65	2.71	4.50	7.69

〈그림 39〉의 경우

x	1	2	3	4	8
y	0	0.69	1.10	1.39	2.08

가 된다.

두 그림의 경우 계산된 결과의 각 점들은 다르지만 그림으로 나타난 결과는 두 경우 마찬가지다.

e 대신에 10을 밑으로 하는 상용대수(常用對數, Briggs log)를 사용하는 사람들에게는 자연대수가 생소한 것이지만 이러한 두 가

지 표시법에 대하여 몇 가지 알아둘 필요가 있다.

대수의 일반적인 계산법에 의해 대수와 대수를 더하면 두 대수의 진수를 곱해주면 된다. 즉,

$$\log_e a + \log_e b = \log_e ab$$

또 곱하는 경우도 이렇게 성립된다.

$$n \times \log_e a = \log_e a^n$$

그리고 자연대수는 상용대수로 다음과 같이 변환시킬 수 있다.

$$\log_{10} x = \log_{10} e \times \log_e x, \ \log_e x = \log_e 10 \times \log_{10} x$$

그러나

$$\log_{10} e = \log_{10} 2.718 = 0.4343, \ \log_e 10 = 2.3026$$
$$\log_{10} x = 0.4343 \times \log_e x$$
$$\log_e x = 2.3026 \times \log_{10} x$$

〈자연 대수표〉(네피어 대수표)

Number	Log_e	Number	Log_e
1	0.0000	6	1.7918
1.1	0.0953	7	1.9459
1.2	0.1823	8	2.0794
1.5	0.4055	9	2.1972
1.7	0.5306	10	2.3026
2.0	0.6931	20	2.9957
2.2	0.7885	50	3.9120
2.5	0.9163	100	4.6052
2.7	0.9933	200	5.2983
2.8	1.0296	500	6.2146
3.0	1.0986	1,000	6.9078
3.5	1.2528	2,000	7.6010
4.0	1.3863	5,000	8.5172
4.5	1.5041	10,000	9.2104
5.0	1.6094	20,000	9.9035

지수함수와 대수함수

위에서 설명한 자연 대수의 지식을 가지고 지수함수와 대수함수를 미분해 보자.

$y = \log_e x$의 경우, 이것은

$e^y = x$로 변환되며, e^y는 y에 대하여 미분하면 변함없이 e^y 그대로이다. 그러므로

$$\frac{dx}{dy} = e^y$$

이것의 역을 취하면

$$\frac{dy}{dx} = \frac{1}{\frac{dx}{dy}} = \frac{1}{e^y} = \frac{1}{x}$$

이것은 매우 흥미로운 결과이며, 다음과 같이 쓸 수 있다.

$$\frac{d(\log_e x)}{dx} = x^{-1}$$

x^{-1}이라는 결과는 지금가지 우리가 다루어온 미분법으로는 얻을 수 없는 결과이다. 미분법은 지수를 곱하고, 지수를 하나 작게하여 그 수를 지수로 해주는 것인데(30페이지 참조), 예를 들어 x^3을 미분하는 경우 $3x^2$이 되며, x^2은 $2x^1$이 된다. 그러나 x^0의 경우는 $0 \times x^{-1} = 0$가 되는데 x^0은 1로써 상수가 되기 때문이다. $\log_e x$의 미분값이 $\frac{1}{x}$이 되는 흥미 있는 결과는 적분을 다룰 때 (221페이지) 다시 나온다.

그러면 $y = \log_e(x+a)$를 미분해 보자.

$$e^y = (x+a)$$

그러므로

$$\frac{d(x+a)}{dy} = e^y$$

그러므로 본래의 식으로 변환시키면

$$\frac{dy}{dx} = \frac{1}{\dfrac{dx}{dy}} = \frac{1}{x+a}$$

가 된다.

다음에는 $y = \log_{10}x$를 미분해 보자.

우선 상용대수의 모듈러스(modulus, 절대치) 0.4343을 곱하여 변환시키면

$$y = 0.4343\log_e x$$

그러므로 $\dfrac{dy}{dx} = \dfrac{0.4343}{x}$ 이 된다.

다음에는 그리 간단하지 않은 문제로서 $y = a^x$을 미분해 보자. 양변에 대수를 취하면

$$\log_e y = x \log_e a$$
$$x = \frac{\log_e y}{\log_e a} = \frac{1}{\log_e a} \times \log_e y$$

여기에서 $\dfrac{1}{\log_e a}$ 은 상수항이므로

$$\frac{dy}{dx} = \frac{1}{\log_e a} \times \frac{1}{y} = \frac{1}{a^x \times \log_e a}$$

그러므로 본래의 식으로 변환시키면

$$\frac{dy}{dx} = \frac{1}{\dfrac{dx}{dy}} = a^x \times \log_e a$$

$$\frac{dx}{dy} \times \frac{dy}{dx} = 1 \text{이며 } \frac{dx}{dy} = \frac{1}{y} \times \frac{1}{\log_e a} \text{이므로}$$

$$\frac{1}{y} \times \frac{dy}{dx} = \log_e{}_e a$$

가 된다.

이와 같은 결과를 볼 때 $\log_e y$가 x의 함수인 경우 이 함수의 x에 대한 미분계수는 $\frac{1}{y}\frac{dy}{dx}$와 같다. 그러므로 $\log_e y = x \log_e a$와 같은 경우

$$\frac{1}{y}\frac{dy}{dx} = \log_e a$$
$$\frac{dy}{dx} = y \log_e a = a^x \log_e a$$

가 됨을 알 수 있다.

(예제)

(1) $y = e^{-ax}$

$z = -ax$로 놓으면 $y = e^z$

$$\frac{dy}{dx} = e^z, \ \frac{dz}{dx} = -a$$

$$\therefore \frac{dy}{dx} = -ae^z = -ae^{-ax}$$

또는 $y = e^{-ax}$
$\log_e y = -ax$

$$\frac{1}{y}\frac{dy}{dx} = -a, \ \frac{dy}{dx} = -ay = -ae^{-ax}$$

(2) $y = e^{\frac{x^2}{3}}$

$$z = \frac{x^2}{3} \text{ 으로 놓으면 } y = e^z$$

$$\frac{dy}{dz} = e^z,\ \frac{dz}{dx} = \frac{2x}{3},\ \frac{dy}{dx} = \frac{2x}{3} e^{\frac{x^2}{3}}$$

또는 $y = e^{\frac{x^2}{3}}$, $\log_e y = \frac{x^2}{3}$

$$\frac{1}{y}\frac{dy}{dx} = \frac{2x}{3},\ \frac{dy}{dx} = \frac{2x}{3} e^{\frac{x^2}{3}}$$

(3) $y = e^{\frac{2x}{x+1}}$

$$\log_e y = \frac{2x}{x+1}$$
$$\frac{1}{y}\frac{dy}{dx} = \frac{2(x+1)-2x}{(x+1)^2}$$
$$\frac{dy}{dx} = \frac{2y}{(x+1)^2} = \frac{2}{(x+1)^2} e^{\frac{2x}{x+1}}$$

이것을 $z = \frac{2x}{x+1}$ 로 놓은 후 미분하여 보라.

(4) $y = e^{\sqrt{x^2+a}}$

$$\log_e y = (x^2+a)^{\frac{1}{2}}$$
$$\frac{1}{y}\frac{dy}{dx} = \frac{x}{(x^2+a)^{\frac{1}{2}}},\ \frac{dy}{dx} = \frac{x \times e^{\sqrt{x^2+a}}}{(x^2+a)^{\frac{1}{2}}}$$
$$(u = (x^2+a)^{\frac{1}{2}} \text{이면 } v = x^2+a,\ u = v^{\frac{1}{2}}$$

$$\frac{du}{dv}=\frac{1}{2v^{\frac{1}{2}}},\ \frac{dv}{dx}=2x,\ \frac{du}{dx}=\frac{x}{(x^2+a)^{\frac{1}{2}}})$$

$z=\sqrt{x^2+a}$ 로 놓아 풀어 보라.

(5) $y=\log_e(a+x^3)$

$z=(a+x^3),\quad y=\log_e z$

$$\frac{dy}{dz}=\frac{1}{z},\frac{dz}{dx}=3x^2$$

$$\frac{dy}{dx}=\frac{3x^2}{a+x^3}$$

(6) $y=\log_e\{3x^2+\sqrt{a+x^2}\}$

$z=3x^2+\sqrt{a+x^2},\ y=\log_e z$

$$\frac{dy}{dz}=\frac{1}{z},\frac{dz}{dx}=6x+\frac{x}{\sqrt{x^2+a}}$$

$$\frac{dy}{dx}=\frac{6x+\frac{x}{\sqrt{x^2+a}}}{3x^2+\sqrt{a+x^2}}=\frac{x(1+6\sqrt{x^2+a})}{(3x^2+\sqrt{x^2+a})\sqrt{x^2+a}}$$

(7) $y=(x+3)^2\sqrt{x-2}$

$$\log_e y=2\log_e(x+3)+\frac{1}{2}\log_e(x-2)$$

$$\frac{1}{y}\frac{dy}{dx}=\frac{2}{(x+3)}+\frac{1}{2(x-2)}$$

$$\frac{dy}{dx}=(x+3)^2\sqrt{x-2}\left\{\frac{2}{x+3}+\frac{1}{2(x-2)}\right\}$$

$$=\frac{5(x+3)(x-1)}{2\sqrt{x-2}}$$

(8) $y = (x^2+3)^3 (x^3-2)^{\frac{2}{3}}$

$$\log_e y = 3\log_e (x^2+3) + \frac{2}{3}\log_e (x^3-2)$$

$$\frac{1}{y}\frac{dy}{dx} = 3\frac{2x}{x^2+3} + \frac{2}{3}\frac{3x^2}{x^3-2} = \frac{6x}{x^2+3} + \frac{2x^2}{x^3-2}$$

$(u = \log_e (x^2+3),\ z = x^2+3,\ u = \log_e z$

$$\frac{du}{dz} = \frac{1}{z},\ \frac{dz}{dx} = 2x,\ \frac{du}{dx} = \frac{2x}{z} = \frac{2x}{x^2+3}$$

$$v = \log_e (x^3-2),\ \frac{dv}{dx} = \frac{3x^2}{x^3-2})$$

$$\therefore \frac{dy}{dx} = (x^2+3)^3 (x^3-2)^{\frac{2}{3}}\left\{ \frac{6x}{x^2+3} + \frac{2x^2}{x^3-2} \right\}$$

(9) $y = \dfrac{\sqrt{x^2+a}}{\sqrt[3]{x^3-a}}$

$$\log_e y = \frac{1}{2}\log_e (x^2+a) - \frac{1}{3}\log_e (x^3-a)$$

$$\frac{1}{y}\frac{dy}{dx} = \frac{1}{2}\frac{2x}{x^2+a} - \frac{1}{3}\frac{3x^2}{x^3-a}$$

$$= \frac{x}{x^2+a} - \frac{x^2}{x^3-a}$$

$$\frac{dy}{dx} = \frac{\sqrt{x^2+a}}{\sqrt[3]{x^3-a}}\left\{ \frac{x}{x^2+a} - \frac{x^2}{x^3-a} \right\}$$

(10) $y = \dfrac{1}{\log_e x}$

$$\frac{dy}{dx} = \frac{\log_e x \times 0 - 1 \times \dfrac{1}{x}}{\log_e^2 x} = -\frac{1}{x\log_e^2 x}$$

(11) $y = \sqrt[3]{\log_e x} = (\log_e x)^{\frac{1}{3}}$, $z = \log_e x$ 놓으면 $y = z^{\frac{1}{3}}$

$$\frac{dy}{dz} = \frac{1}{3}z^{-\frac{2}{3}},\ \frac{dz}{dx} = \frac{1}{x},\ \frac{dy}{dx} = \frac{1}{3x\sqrt[3]{\log_e^2 x}}$$

(12) $y = (\dfrac{1}{a^x})^{ax}$

$$\log_e y = -ax\,\log_e a^x = -ax^2\,\log_e a$$

$$\frac{1}{y}\frac{dy}{dx} = -2ax\log_e a$$

$$\frac{dy}{dx} = -2ax(\frac{1}{a^x})^{ax} \times \log_e a = -2xa^{1-ax^2}\log_e a$$

◆ 연습문제 12 ◆ (해답 p.316)

(1) $y = b(e^{ax} - e^{-ax})$를 미분하라.

(2) $u = at^2 + 2\log_e t$를 t에 대하여 미분하라.

(3) $y = n^t$일 때 $\dfrac{d(\log_e y)}{dt}$를 구하라.

(4) $y = \dfrac{1}{b} \cdot \dfrac{a^{bx}}{\log_e a}$에서 $\dfrac{dy}{dx} = a^{bx}$임을 풀어라.

(5) $w = pv^n$에서 $\dfrac{dw}{dv}$를 구하라.

(6) $y = \log_e x^n$을 미분하라.

(7) $y = 3e^{-\frac{x}{x-1}}$을 미분하라.

(8) $y = (3x^2 + 1)e^{-5x}$를 미분하라.

(9) $y = \log_e(x^a + a)$를 미분하라.

(10) $y = (3x^2 - 1)(\sqrt{x} + 1)$를 미분하라.

(11) $y = \dfrac{\log_e(x+3)}{x+3}$을 미분하라.

(12) $y = a^x \times x^a$를 미분하라.

(13) 켈빈(Kelvin)에 의하면 해저 케이블을 통과하는 전파신호의 속도는 케이블 전체 외지름에 대한 동선의 지름비 값에 의하여 결정된다. 그 비를 y라 할 때 1분당 송전되는 신호수 s는 다음 식으로 표시된다.

$$s = ay^2 \log_e \frac{1}{y}$$

여기에서 a는 케이블의 길이와 재료에 따른 상수다. $y = 1 \div \sqrt{e}$

166

일 때 s가 최대가 됨을 풀어라.

(14) $y = x^3 - \log_e x$의 극대 혹은 극소를 구하라.

(15) $y = \log_e (axe^x)$를 미분하라.

(16) $y = (\log_e ax)^3$을 미분하라.

대수곡선(Logarithmic curve)

기울기가 점차적으로 커지는 곡선으로 다시 되돌아가서 $y = bp^x$와 같은 식의 곡선을 생각해 보자.

$x = 0$이면 $y = b$이므로 b는 y의 본래의 높이인 절편이 된다. 그리고 $x = 1$, $y = bp$; $x = 2, y = bp^2$; $x = 3$, $y = bp^3$이 된다.

여기에는 p는 어떤 점에 있어서의 y의 값과 바로 그 앞 점에서의 y의 값 사이의 비가 된다. 〈그림 40〉의 경우 p를 $\dfrac{6}{5}$으로 잡으면 어느 점에서의 y의 값은 바로 그 앞의 y의 값보다 $\dfrac{6}{5}$배만큼 크다.

만약 다시 말하면 연속되는 y의 두 값의 관계가 계속 일정한 비율이라면 그들 y값의 대수는 일정한 차이를 갖게 된다. 그러므로 〈그림 41〉과 같이 $\log_e y$를 y축으로 잡아서 새롭게 그래프를 그리면 기울기가 일정한 직선이 된다.

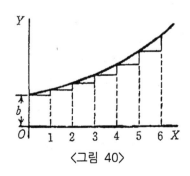
〈그림 40〉

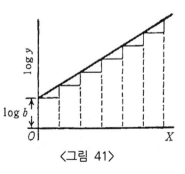
〈그림 41〉

방정식에서 볼 때 다음과 같이 되는 것이다.

$$y = bp^x$$
$$\log_e y = \log_e b + x\log_e p$$
$$\log_e y - \log_e b = x\log_e p$$

여기에서 $\log_e p$는 단순한 수이므로 $\log_e p = a$로 쓸 수가 있다. 그러므로

$$\log_e \frac{y}{b} = ax$$

아울러 본래의 $y = bp^x$라는 식은 $y = be^{ax}$라는 새로운 형태로 쓸 수 있다.

단조 감소 곡선(Die-away curve)

위의 예에서 p를(0보다 작은) 적당한 분수로 잡으면 〈그림 42〉와 같이 우측으로 갈수록 기울기가 감소되어 내려가는 곡선이 된다.

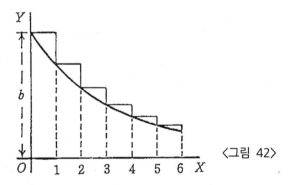

〈그림 42〉

여기에서 어떤 점에서 y의 값은 바로 앞 점에서의 y값의 $\frac{3}{4}$배가 된다.

방정식은 그대로 $y = bp^x$이다. 그러나 p는 0보다 작으며, $\log_e p$

는 (−)의 크기가 되며 $-a$라고 쓸 수 있다. 그러므로 $p=e^{-a}$가 되며 곡선의 방정식은

$$y = be^{-ax}$$

의 형태가 된다.

이 방정식의 중요성은 시간이 독립변수인 경우 어떠한 것이 점차적으로 감소되는 여러 물리학적인 변화 과정들을 대단히 잘 나타내 준다. 그러므로 가열된 물체가 냉각되는 과정(**뉴턴의 냉각법칙**)도 다음의 식으로 표시된다.

$$\theta_t = \theta_0 e^{-at}$$

여기에서 θ_0은 가열된 물체의 그 당시의 온도이며, θ_t는 시간 t 동안 냉각되었을 때의 온도이며, a는 상수로서 감소율(냉각율)을 말하는데, 이것은 그 물체의 표면적 전도율 상수, 발열상수 및 기타 다른 요소들에 의하여 결정된다.

이것과 유사한 식으로서 $Q_t = Q_0 e^{-at}$가 있는데, 이 식은 충전된 물체의 잔존 하전량을 나타내는데 쓰인다. 본래 Q_0라는 하전량을 가진 것이 소모 상수 a로 누전될 때 a는 그 물체의 충전용량과 누전시의 누전회로의 저항에 따라 결정된다.

용수철을 늘렸다 놓으면 이 용수철의 진동 폭은 점차 감소되어 일정시간 후에는 멈추게 되는데, 진폭이 점점 줄어드는 현상도 이러한 식으로 표현할 수 있다.

어떤 것의 감소율이 그것의 양에 비례하는 경우 e^{-at}는 점차 감소되는 인자를 나타낸다. 다시 말하면 우리가 흔히 사용해 온 순간순간에 있어서 $\dfrac{dy}{dx}$는 그 순간 y의 크기에 비례한다. 〈그림 42〉에서 볼 때 어떤 점에서의 $\dfrac{dy}{dx}$는 그 점에서의 y의 높이에 비

례하며, 그러므로 y의 값이 점점 작아짐에 따라서 곡선은 점점 수평에 가깝게 평평해 진다.

수식으로 표시하면

$$y = be^{-ax}$$
$$\log_e y = \log_e b - ax\log_e e = \log_e b - ax$$

이것을 미분하면

$$\frac{1}{y}\frac{dy}{dx} = -a$$

$$\frac{dy}{dx} = be^{-ax} \times (-a) = -ay$$

가 된다. 풀어 설명하면 곡선의 기울기는 (-)로 곡선은 점점 아래로 내려가며, 기울기는 y의 크기와 상수 a에 비례한다.

아래와 같은 식에서도 같은 결과를 얻는다.

$$y = bp^x$$
$$\frac{dy}{dx} = bp^x \times \log_e p$$

여기에서 $\log_e p = -a$라면

$$\frac{dy}{dx} = y \times (-a) = -ay$$ 가 된다.

시간상수(Time constant)

「점차 감소되는 인자」인 e^{-at}에서 a의 양은 시간상수(Time constant)라는 또 다른 양의 역수가 되며, 시간 상수를 T라는 기호로 표시한다. 그러므로 점차 감소되는 인자는 $e^{-\frac{t}{T}}$로 쓸 수 있다. $t = T$로 놓으면 $T(=\frac{1}{a})$의 의미는 본래의 양(위의 경우 θ_0, 혹은 Q_0)이 그 양의 $1/e$에 해당되는 양 — 즉 약 0.3678 —

170

x	e^x	e^{-x}	$1-e^{-x}$
0.00	1.0000	1.0000	0.0000
0.10	1.1052	0.9048	0.0952
0.20	1.2214	0.8187	0.1813
0.50	1.6487	0.6065	0.3935
0.75	2.1170	0.4724	0.5276
0.90	2.4596	0.4066	0.5934
1.00	2.7183	0.3679	0.6321
1.10	3.0042	0.3329	0.6671
1.20	3.3201	0.3012	0.6988
1.25	3.4903	0.2865	0.7135
1.50	4.4817	0.2231	0.7769
1.75	5.754	0.1738	0.8262
2.00	7.389	0.1353	0.8647
2.50	12.183	0.0821	0.9179
3.00	20.085	0.0498	0.9502
3.50	33.115	0.0302	0.9698
4.00	54.598	0.0183	0.9817
4.50	90.017	0.0111	0.9889
5.00	148.41	0.0067	0.9933
5.50	244.69	0.0041	0.9959
6.00	403.43	0.00248	0.99752
7.50	1808.04	0.00053	0.99947
10.00	22026.5	0.000045	0.999955

만큼 감소하는데 소요되는 시간을 뜻한다.

e^x와 e^{-x}의 값들은 물리학의 여러 분야에서 사용되는데 다음 페이지에 이 값들의 약간을 도표로 표시하였다.

이 도표를 이용하여 몇 가지 예문을 풀어보자.

어떤 물체가 냉각되어지는 경우 최초(즉 $t=0$일 때)의 온도는 72°였고, 시간상수는 20분이었다(즉 $72° \times \dfrac{1}{e}$ 만큼 냉각되는데 20분이 걸린다). t시간 경과 후의 물체의 온도를 구하라.

t가 60분이라면, $\frac{t}{T}=60\div20=3$이며 e^{-3}의 값을 구하여 $72°$에 곱해 주면 된다. 위의 표에 의하면 $e^{-3}=0.0498$이므로 60분 후에 온도는 $72°\times0.0498=3.586°$로 떨어진다.

(예제)

(1) 전동기를 가동 시킨지 t초 후에 도선의 전류의 세기는 다음 식으로 표시된다.

$$C=\frac{E}{R}\left\{1-e^{-\frac{Rt}{L}}\right\}$$

이 때 $\frac{L}{R}$은 시간상수이다. 만약 $E=10$, $R=1$, $L=0.01$이며 t가 매우 클 때 $1-e^{-\frac{Rt}{L}}$라는 것은 1이 된다. 그리고 $C=\frac{E}{R}=10$이다. 또한

$$\frac{L}{R}=T=0.01$$

주어진 시간에 있어서의 전류의 세기는

$$C=10-10e^{-\frac{t}{0.01}}$$

이며 이 때 시간상수는 0.01이다. 즉 본래의 값 $10e^{-\frac{0}{0.01}}=10$의 $\frac{1}{e}=0.3678$만큼 감소하는데 0.01초가 걸린다는 의미이다.

$t=0.001$초일 때 즉 $\frac{t}{T}=0.1$, $e^{-0.1}=0.9048$(위의 표에서 찾아 구한 것)일 때 전류의 값을 구하려면 다음과 같이 풀이된다.

즉 0.001초 후에는 그 변화량은

172

0.9048 × 10 = 9.048

그러므로 실제의 전류는 10 - 9.048 = 0.952가 된다.

위의 풀이와 마찬가지로 0.1초 후에는

$$\frac{t}{T}= 10 \; ; \; e^{-10} = 0.000045$$

그 변화량은 10×0.000045=0.00045이며, 전류는 9.9995가 된다.

(2) $l cm$ 두께의 어떤 투명한 매질을 투과하는 빛의 광도를 I라고 할 때,

$$I= I_0 e^{-Kl}$$

이며, 이 때 I_0은 투과되기 전의 광도이며 K는 「흡수계수」다.

이 식은 실험에 의하여 구해질 수 있으며, 어떤 투명한 매질을 10cm 통과하여 광도가 18%가 흡수되었다고 하면

$$(100-18)=100\times e^{-K\times 10}$$

혹은 $e^{-10K} = 0.82$

라고 쓸 수 있으며, 위의 표에서 구해보면 대략

10K = 0.20

그러므로 K=0.02가 된다.

최초의 광도의 반을 흡수하는 매질의 두께를 구하려면

$$50=100\times e^{-0.02l}$$

혹은 $0.5=e^{-0.02l}$ 식에서 l의 값을 구하면 된다. 이 식을 대수의 형태로 바꾸어 풀면

$$\log 0.5 =-0.02l \times \log_e$$

$$l= \frac{-0.3010}{-0.02 \times 0.4343} = \frac{-0.3010}{-0.008686} \approx 34.7cm$$

가 된다.

(3) 최초의 양이 Q_0 되는 어떤 방사성 물질이 붕괴될 때 그 붕괴
는 다음의 식으로 표시된다.

$$Q = Q_0 e^{-\lambda t}$$

여기에는 λ는 붕괴 계수이며 t는 붕괴되기 시작한 후 경과한
시간을 초로 나타낸 것이다.

「라디움 A」의 경우 실험에 의하여 $\lambda = 3.85 \times 10^{-3}$임을 알았
다. 본래의 양이 반으로 줄어드는데 소요되는 시간(어떤 방사성
물질의 「반감기, half time」라고 부른다)을 구하라.

위의 식으로부터

$$0.5 = e^{-0.000385t}$$
$$\log 0.5 = -0.00385t \times \log e$$
$$t = 180.04$$

그러므로 이 물질의 반감기는 약 3분이 된다.

◈ 연습문제 13 ◈ (해답 p.317)

(1) $y = be^{-\frac{t}{T}}$에 있어서 $b = 12$, $T = 8$ 그리고 t의 값이 0에서 20 까지 변할 때 이 방정식을 곡선으로 그려라.

(2) 가열된 어떤 물체가 냉각되어 24분 동안에 본래 온도의 반으로 냉각되었다고 할 때, 이때의 시간상수를 구하고 온도가 본래 온도의 1%로 냉각될 때까지의 시간을 구하라.

(3) $y = 100(1 - e^{-2t})$의 곡선을 그려라.

(4) 아래의 세 식은 비슷한 모양의 곡선을 나타낸다.

(i) $y = \dfrac{ax}{x+b}$ (ii) $y = a(1 - e^{-\frac{x}{b}})$

(iii) $y = \dfrac{a}{90°} arc\tan(\dfrac{x}{b})$

   $a = 100mm$, $b = 30mm$로 잡아서 세 식의 곡선을 그려라.

(5) 다음 식들의 x에 대한 y의 미분계수를 구하라.

(a) $y = x^x$ (b) $y = (e^x)^x$ (c) $y = e^{x^x}$

(6) 「토륨 A」에 있어서 λ의 값은 5이다. 반감기를 구하라. 즉, $Q = Q_0 e^{-\lambda t}$일 때 t를 초로 계산하라.

(7) $V_0 = 20$의 전위로 하전 되고 용량이 $K = 4 \times 10^{-6}$인 콘덴서가 10,000ohm의 저항으로 출력될 때 (a) 0.1초, (b) 0.01초 후의 전위 V를 구하라.

(8) 절연된 금속 구체가 Q로 하전 되어 10분 동안에 20에서 16 단위로 전력이 감소되었을 때, $Q = Q_0 \times e^{-ut}$라면 누전계수 u를 구하라. Q_0는 최초의 하전량이며 t는 초이다. 그리고 누전이 생겨 하전량이 반으로 줄어드는 시간을 구하라.

(9) 유선전화에 있어서 전파의 감폭은 $i = i_0 e^{-\beta l}$의 관계로 표시된다. i는 전파의 세기이며, t는 초, 최초의 전파의 세기는 i_0이다. 이 때 l은 전화선의 길이(km)이며 β는 상수다. 1910년에 가설된 영구과 프랑스 간의 유선 전화선의 경우 $\beta = 0.0114$이다. 전화선의 끝부분인 40km 지점에서의 감폭을 구하라. 그리고 최초의 전파가 8% 남아 있는 지점(양호한 시청을 할 수 있는 한계점)까지의 전화 도선의 길이를 구하라.

(10) 고도가 hkm되는 곳의 대기압은 $p = p_0 e^{-kh}$의 식으로 표시되며, 이때 p_0는 해면에서의 기압(760mmHg)이다. 고도 10, 20, 50km에서의 기압은 각각 199.2, 42.2, 0.0.32mmHg이다. 각 고도에 있어서 k값을 구하라. 또 이들 k값의 평균치를 구하여 계산한 기압은 주어진 각 고도에서의 기압과 각각 몇%의 상대오차가 생기는가를 구하라.

(11) $y = x^x$의 극소 혹은 극대를 구하라.

(12) $y = x^{\frac{1}{x}}$의 극소 혹은 극대를 구하라.

(13) $y = xa^{\frac{1}{2}}$의 극소 혹은 극대를 구하라.

(14) 생물 개체군(population)의 증가는 다음의 "맬서스(Malthuus)의 증가" 곡선식으로 표시된다.

$$N_t = N_0 e^{rt}$$

N_0는 최초의 개체군의 크기, N_t는 t시간 후의 개체군의 크기, r은 그 개체군의 자연증가율 혹은 내재적 증가율(intrinsic rate of growth)이다. 1980년 한국의 인구는 3,500만이며, r=0.023이라고 가정하면 인구가 2배로 증가하는데 소요되는 시간, 배증기(doubling time)는 몇 년이나 되는가?

15

삼각함수의 미분

이 장에서는 각도를 다루는 함수들의 미분을 공부한다. 그리스 문자 중에서 변하는 각도를 나타내는 문자로 θ(세타 theta)를 사용한다. 다음과 같은 함수를 생각해 보자.

$$y = \sin\theta$$

우리가 구하고자 하는 값은 $\dfrac{d(\sin\theta)}{d\theta}$ 의 값이다. 달리 말하면 각도가 변할 때 θ의 증분과 이에 따른 sin값의 증분과의 관계를 구하고자 하는 것이다. 물론 이 때 각도와 sin값의 증분은 모두 무한히 작은 크기의 것들이라는 것을 생각해야 한다.

〈그림 43〉을 보면 단위 원의 반지름이 1, 각도가 θ일 때 y의 높이는 $\sin\theta$가 된다.

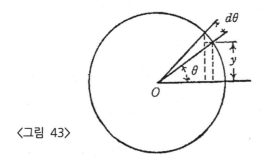

〈그림 43〉

만약 θ에 아주 작은 크기의 각도가 증가되어 $d\theta$만큼 충분되면 y의 높이 즉 $\sin\theta$ 역시 dy만큼 아주 작은 양이 증분 된다. 증가된 높이 $y+dy$는 증가된 새로운 각도 $\theta+d\theta$의 $\sin$이 된다. 이것을 수식으로 전개하면

$$y+dy = \sin(\theta+d\theta)$$

여기에서 본래의 식 $y=\sin\theta$를 빼면

$$dy = \sin(\theta+d\theta) - \sin\theta$$

가 된다.

이 때 오른쪽 항은 두 $\sin$의 크기 차를 의미하며, 삼각 함수의 기본 성질들에 의하여 두 $\sin$의 차를 풀어낼 수 있다. 즉 각 M과 각 N가 있을 때

$$\sin M - \sin N = 2\cos\frac{M+N}{2}\cdot\sin\frac{M-N}{2}$$

여기에서

$$M = \theta+d\theta,\ N = \theta$$

라고 하면 다음과 같이 쓸 수 있다.

$$dy = \sin(\theta+d\theta) - \sin\theta$$
$$dy = 2\cos\frac{\theta+d\theta+\theta}{2}\cdot\sin\frac{\theta+d\theta-\theta}{2}$$
$$dy = 2\cos(\theta+\frac{1}{2}d\theta)\cdot\sin\frac{1}{2}d\theta$$

그러나 $d\theta$를 무한히 작은 각도로 보면 θ에 비하여 $d\theta$는 무시할 수 있으며 $\sin\frac{1}{2}d\theta$는 $\frac{1}{2}d\theta$와 같다고 할 수 있다. 결과적으로 위의 식은 다음과 같이 된다.

$$dy = 2\cos(\theta+\frac{1}{2}d\theta)\cdot\sin\frac{1}{2}d\theta$$

$$dy = 2\cos\theta \times \frac{1}{2}d\theta$$

$$dy = \cos\theta \times \frac{1}{2}d\theta$$

$$dy = \cos\theta \cdot d\theta$$

$$\therefore \frac{dy}{d\theta} = \cos\theta$$

이러한 결과를 그래프에 그려보면 $y = \sin\theta$는 〈그림 44〉와 같

으며 $\frac{dy}{d\theta} = \cos\theta$는 〈그림 45〉와 같다.

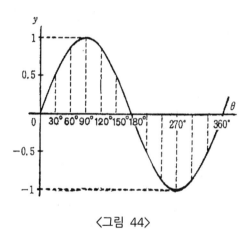

〈그림 44〉

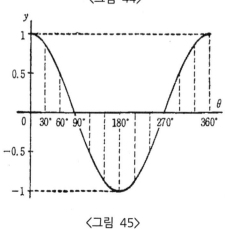

〈그림 45〉

그러면 다음에는 코사인(cosine)을 미분해 보자.

$$y = \cos\theta$$

이것은 삼각함수의 정리에 의하여

$$\cos\theta = \sin\left(\frac{\pi}{2} - \theta\right)$$

그러므로

$$dy = d\left(\sin\left(\frac{\pi}{2} - \theta\right)\right)$$

$$= \cos\left(\frac{\pi}{2} - \theta\right) \times d(-\theta)$$

$$= \cos\left(\frac{\pi}{2} - \theta\right) \times (-d\theta)$$

$$\therefore \frac{dy}{d\theta} = -\cos\left(\frac{\pi}{2} - \theta\right)$$

결과적으로

$$\frac{dy}{d\theta} = -\sin\theta$$

마지막으로 탄젠트(tangent)를 미분해 보자.

$$y = \tan\theta$$

$$= \frac{\sin\theta}{\cos\theta}$$

$\sin\theta$의 미분계수는 $\dfrac{d(\sin\theta)}{d\theta}$, $\cos\theta$의 미분계수는 $\dfrac{d(\cos\theta)}{d\theta}$ 이므로, 이것을 46페이지의 분수식 미분법에 적용시키면 다음과 같다.

$$y = \frac{\sin\theta}{\cos\theta}$$

$$\frac{dy}{d\theta} = \frac{\cos\theta \dfrac{d(\sin\theta)}{d\theta} - \sin\theta \dfrac{d(\cos\theta)}{d\theta}}{\cos^2\theta}$$

$$= \frac{\cos^2\theta + \sin^2\theta}{\cos^2\theta}$$

$$= \frac{1}{\cos^2\theta}$$

$$\therefore \frac{dy}{d\theta} = \sec^2\theta$$

위의 결과들을 정리해 보면 다음과 같다.

y	$\dfrac{dy}{d\theta}$
$\sin\theta$	$\cos\theta$
$\cos\theta$	$-\sin\theta$
$\tan\theta$	$\sec^2\theta$

조화진동이나 파도운동 같은 공학 혹은 물리학 문제들 중에는 시간의 흐름에 따라서 증가하는 각도들을 다루는 경우들이 많다. 그러므로 완전한 1주기를 나타내는 시간을 T라고 하면 원을 한 바퀴 도는 각도는 2π(라디안 radian) 혹은 $360°$ 이므로 시간 t 동안에 움직인 각은 라디안(radian)으로 다음과 같다.

$$\theta = 2\pi \frac{t}{T}(radian)$$

$$\theta = 360° \frac{t}{T}도$$

주파수, 즉 1초간에 일어난 회전수를 n이라 하면

$$n = \frac{1}{T}$$

이 되며

$$\theta = 2\pi nt$$

가 된다. 그러므로

$$y = \sin 2\pi nt$$

가 된다.

만약 시간에 대한 sin의 변화율을 알려고 하면 θ에 대하여 미분하지 않고, t에 대해 미분하여야 한다. 제9장 81페이지에서 설명한 방법을 사용하여 이것들을 풀면

$$\frac{dy}{dt} = \frac{dy}{d\theta} \cdot \frac{d\theta}{dt}$$

여기에서 $\dfrac{d\theta}{dt} = 2\pi n$이므로

$$\frac{dy}{dt} = \cos\theta \times 2\pi n$$
$$= 2\pi n \cdot \cos 2\pi nt$$

마찬가지로

$$\frac{d(\cos 2\pi nt)}{dt} = -2\pi n \cdot \sin 2\pi nt$$

결과를 얻는다.

삼각함수의 이차 미분계수

$\sin\theta$를 θ에 대하여 미분하면 $\cos\theta$가 되며, $\cos\theta$를 다시 θ에 대하여 재차 미분하면 $-\sin\theta$가 되며 이것을 수식으로 나타내면

$$\frac{d^2(\sin\theta)}{d\theta^2} = -\sin\theta$$

이 흥미로운 결과를 볼 때 두 번 미분을 하면 형태는 본래와 같으나 부호만 (+)에서 (−)로 바뀌는 함수를 찾아낸 것이다. 이러한 결과는 cosine 의 경우에서도 마찬가지인데 $\cos\theta$를 미분하면

$-\sin\theta$가 되고 이것을 재차 미분하면 $-\cos\theta$가 된다. 그러므로

$$\frac{d^2(\cos\theta)}{d\theta^2}=-\cos\theta$$

이와 같이 sine과 cosine은 이차 미분계수가 본래의 함수와 같으며 부호만 바뀌는 유일한 함수다.

(예제)

지금가지 우리가 배운 방법들을 써서 좀 더 복잡한 수식들을 미분할 수가 있다.

(1) $y=\text{arc }\sin x$

이러한 **역삼각함수(逆三角函數, inverse trigometric funtion)**[6]의 경우 y가 $\sin x$의 역함수라면, 즉

$$y=\sin^{-1}x$$
$$x=\sin y$$
$$\frac{dx}{dy}=\cos y$$

이것의 역수를 취하면

$$\frac{dy}{dx}=\frac{1}{\dfrac{dx}{dy}}=\frac{1}{\cos y}$$

이 된다. 또한

---

6) 역삼각함수는 sine의 경우 arc $\sin\theta$로 나타내지만 주로 $\sin^{-1}\theta$로 표시하는 것이 일반적이다. 이 때 -1을 지수처럼 썼지만 $\sin^{-1}\theta$과 $(\sin\theta)^{-1}$과는 전혀 다른 것을 주의하라.

$$(\sin\theta)^{-1}=\frac{1}{\sin\theta}=\text{cosec}\theta$$

$$\cos y = \sqrt{1 - \sin^2 y}$$
$$= \sqrt{1 - x^2}$$
$$\therefore \frac{dy}{dx} = \frac{1}{\sqrt{1 - x^2}}$$

이것은 우리가 기대했던 것과는 다소 다른 결과이다.

(2) $y = \cos^3\theta$

이것은 다음과 같이 쓸 수 있다.

$$y = (\cos\theta)^3$$

$v = \cos\theta$라고 놓으면, $y = v^3$

$$\frac{dv}{d\theta} = -\sin\theta, \ \frac{dy}{dv} = 3v^2$$

$$\frac{dy}{d\theta} = \frac{dy}{dv} \times \frac{dv}{d\theta}$$

$$\therefore \frac{dy}{d\theta} = -3\cos^2\theta \cdot \sin\theta$$

(3) $y = \sin(x + a)$

$v = x + a$라고 놓으면, $y = \sin v$

$$\frac{dv}{dx} = 1, \ \frac{dy}{dv} = \cos v$$

$$\therefore \frac{dy}{dx} = \cos(x + a)$$

(4) $y = \log_e \sin\theta$

$v = \sin\theta, \ y = \log_e v$

$$\frac{dv}{d\theta} = \cos\theta, \ \frac{dy}{dv} = \frac{1}{v}$$

$$\therefore \frac{dy}{d\theta} = \frac{1}{\sin\theta} \times \cos\theta = \cot\theta$$

(5) $y = \cot\theta$

$$y = \frac{\cos\theta}{\sin\theta}$$

$$\frac{dy}{d\theta} = \frac{-\sin^2\theta - \cos^2\theta}{\sin^2\theta} = -\csc^2\theta$$

(6) $y = \tan 3\theta$

$v = 3\theta, \ y = \tan v$

$$\frac{dv}{d\theta} = 3, \ \frac{dy}{dv} = \sec^2 v$$

$$\therefore \frac{dy}{d\theta} = 3\sec^2 3\theta$$

(7) $y = \sqrt{1 + 3\tan^2\theta}$

$$= (1 + 3\tan^2\theta)^{\frac{1}{2}}$$

$v = 3\tan^2\theta, \ y = (1+v)^{\frac{1}{2}}$

$$\frac{dv}{d\theta} = 6\tan\theta\,\sec^2\theta, \ \frac{dy}{dv} = \frac{1}{2\sqrt{1+v}} \ (81페이지 참조)$$

$$\frac{dy}{d\theta} = \frac{6\tan\theta\,\sec^2\theta}{2\sqrt{1+v}}$$

$$= \frac{6\tan\theta\,\sec^2\theta}{2\sqrt{1+3\tan^2\theta}}$$

또한 방법을 좀 달리하여 풀 수도 있다.

$u = \tan\theta, \ v = 3u^2$

$$\frac{du}{d\theta} = \sec^2\theta, \ \frac{dv}{du} = 6u$$

$$\frac{dv}{d\theta} = 6\tan\theta\,\sec^2\theta$$

$$\therefore \frac{dy}{d\theta} = \frac{6\tan\theta\,\sec^2\theta}{2\sqrt{1+3\tan^2\theta}}$$

(8) $y = \sin x \cdot \cos x$

$$\frac{dy}{dx} = \sin x (-\sin x) + \cos x \cdot \cos x = \cos^2 x - \sin^2 x$$

sine, cosine, tangent 들과 깊은 관련이 있으면서 유용하게 쓰이는 다른 세계의 함수들이 있다. 이들은 쌍곡선함수(hyperbolic function)들인데 개별적으로 hyperbolic sine, hyperbolic cosine, hyperbolic tangent라고 부르며 각각 sinh, cosh, tanh라고 쓴다. 이들은 다음과 같이 정의된다.

$$\sinh x = \frac{1}{2}(e^x - e^{-x})$$
$$\cosh x = \frac{1}{2}(e^x + e^{-x})$$
$$\tanh x = \frac{\sinh x}{\cosh x} = \frac{e^x - e^{-x}}{e^x + e^{-x}}$$

쌍곡선 함수 중에서 sinh x와 cosh x 사이에는 매우 중요한 다음과 같은 관계가 있다.

$$\cosh^2 x - \sinh^2 x = \frac{1}{4}(e^x + e^{-x})^2 - \frac{1}{4}(e^x - e^{-x})^2$$
$$= \frac{1}{4}(e^{2x} + 2 + e^{-2x} - e^{2x} + 2 - e^{-2x})$$
$$= 1$$

쌍곡선 함수의 미분을 생각해 보자.

$$\frac{d}{dx}(\sinh x) = \frac{1}{2}(e^x + e^{-x}) = \cosh x \ (159페이지 참조)$$

$$\frac{d}{dx}(\cosh x) = \frac{1}{2}(e^x - e^{-x}) = \sinh x$$

$$\frac{d}{dx}(\tanh x) = \frac{\cosh x \dfrac{d}{dx}(\sinh x) - \sinh x \dfrac{d}{dx}(\cosh x)}{\cosh^2 x}$$

$$= \frac{\cosh^2 x - \sinh^2 x}{\cosh^2 x}$$

$$= \frac{1}{\cosh^2 x}$$

186

◈ 연습문제 14 ◈ (해답 p.318)

(1) 다음을 미분하라.

  (i) $y = A sin(\theta - \frac{\pi}{2})$

  (ii) $y = \sin^2\theta, y = \sin 2\theta$

  (iii) $y = \sin^3\theta, y = \sin 3\theta$

(2) $\sin\theta \times \cos\theta$가 극대가 되는 θ의 값을 구해라.

(3) $y = \frac{1}{2\pi} cos 2\pi nt$를 미분하라.

(4) $y = \sin a^x$일 때 $\frac{dy}{dx}$를 구하라.

(5) $y = \log_e \cos x$를 미분하라.

(6) $y = 18.2 \sin(x + 26°)$를 미분하라.

(7) $y = 100 \sin(\theta - 15°)$의 곡선을 그래프로 그려라. 그리고 $\theta = 75°$일 때 곡선의 기울기는 최대 기울기의 반이 되는 것을 설명하라.

(8) $y = \sin\theta \cdot \sin 2\theta$일 때 $\frac{dy}{d\theta}$를 구하라.

(9) $y = a \cdot \tan^m(\theta^n)$일 때 θ에 대한 y의 미분계수를 구하라.

(10) $y = e^x \cdot \sin^2 x$를 미분하라.

(11) 다음 세 식을 각각 미분하라. x가 작은 값일 때 혹은 x의 값이 $x = 30$에 가까운 값일 때 각각 이들의 미분계수들이 같은지 혹은 거의 같은지를 비교하여라.

(i) $y = \frac{ax}{a+b}$ (ii) $y = a(1 - e^{-\frac{x}{b}})$ (iii) $y = \frac{a}{90°} arc\tan(\frac{x}{b})$

(12) 다음을 미분하라.

  (i) $y = \sec x$ (ii) $y = \arccos x$

  (iii) $y = \arctan x$ (iv) y=arc sec x

  (ⅴ) $y = \tan x \times \sqrt{3\sec x}$

(13) $y = \sin(2\theta + 3)^{2.3}$을 미분하라.

(14) $y = \theta^3 + 3\sin(\theta + 3) - 3^{\sin\theta} - 3^{\theta}$을 미분하라.

(15) $y = \theta\cos\theta$의 극대 혹은 극소를 구하라.

제9장의 연습문제 7로 돌아가서 문제 4~문제 8(89페이지)을 풀어라.

16
편미분

우리는 독립변수가 한 개 이상인 함수의 변화를 가끔 접하게 된다. 그러므로 y가 두 개의 각기 다른 변량에 의하여 결정되는 경우를 보게 되는데 이때의 변량을 u와 v라 하고, 부호로 나타내면

$$y = f(u, v)$$

가 된다.

이 함수의 간단한 경우인

$$y = u \times v$$

를 생각해 보자.

독립 변수가 둘이므로 그 중 어느 하나를 상수로 간주해야 한다. 우선 v를 상수로 취급하고 u에 대하여 미분하면

$$dy_v = vdu$$

가 되며, 다음에는 u를 상수로 취급하여 v에 대하여 미분하면

$$dy_u = udv$$

가 된다.

이 때 밑에 쓴 작은 문자는 미분과정에서 상수로 취급되고 있는 변량을 표시한다. 또한 부분적으로(편파적으로) 미분되어짐을 —즉 하나의 독립 변수에 대하여만 미분되어짐을— 나타내는 다른

또 하나의 방법은 그리스 문자로 델타(delta)를 소문자 d로 표시하는 대신에 ∂ (라운드)라고 표시하는 방법이다. 이러한 방법으로

$$\frac{\partial y}{\partial u} = v$$

$$\frac{\partial y}{\partial v} = u$$

라고 표시한다.

이 값들을 위의 식들의 v와 u에 각각 넣으면

$$dy_v = vdu = \frac{\partial y}{\partial u} du$$

$$dy_u = udv = \frac{\partial y}{\partial v} dv$$

가 되며 이들을 **편미분계수**(partial differential)라 한다.

그러나 자세히 생각해 보면 y의 총변량은 이 두 조건이 동시에 만족될 때 성립이 된다. 즉 u와 v가 동시에 변하면 실제적인 dy는 다음과 같다.

$$dy = \frac{\partial y}{\partial u} du + \frac{\partial y}{\partial v} dv$$

이것을 **전미분**(total differential)이라고 한다. 어떤 책들에서는 이것을

$$dy = (\frac{dy}{du})du + (\frac{dy}{dv})dv$$

라고 표시하고 있다.

(예제)

(1) $w = 2ax^2 + 3bxy + 4cy^3$의 편도함수를 구하라.

$$\frac{\partial w}{\partial x} = 4ax + 3by$$

190

$$\frac{\partial w}{\partial y} = 3bx + 12cy^2$$

하나는 y를 상수로 하여 구하고, 하나는 x를 상수로 하여 구했다. 그러므로

$$dw = (4ax + 3by)dx + (3bx + 12cy^2)dy$$

(2) $z = x^y$의 편도함수를 구하라.

$$\frac{\partial z}{\partial x} = yx^{y-1}$$

$$\frac{\partial z}{\partial y} = x^y \times \log_e x$$

$$\therefore dz = yx^{y-1}dx + x^y \log_e x\, dy$$

(3) 높이가 h, 밑변의 반지름이 r인 원뿔의 부피는 $V = \frac{1}{3}\pi r^2 h$ 이다. 높이 h는 상수로 변하지 않고 r이 변할 때 반지름 r에 대한 부피 V의 변화율은 반지름이 상수이며 높이가 변할 때 높이에 대한 부피의 변화율과는 다르다. 즉

$$\frac{\partial V}{\partial r} = \frac{2\pi}{3}rh$$

$$\frac{\partial V}{\partial h} = \frac{\pi}{3}r^2$$

그러므로 반지름과 높이가 동시에 변할 때 부피의 변화는 다음과 같다.

$$dV = \frac{2\pi}{3}rh\, dr + \frac{\pi}{3}r^2 dh$$

(4) 아래에 식에서 F와 f는 어떠한 임의의 함수들이다. 예를 들어서 이 함수들은 t와 x라는 두 개의 독립 변수를 갖는 삼각함

수, 지수함수 혹은 단순한 대수 함수일 수 있다. 이러한 전제 하에서 이들 방정식을 전개하여 보면,

$$y = F(x+at) + f(x-at)$$

혹은 $y = F(w) + f(v)$ 같이 쓸 수 있으며,

이 때 $w = x + at$ 이며

$v = x - at$ 가 된다.

이들을 미분하면

$$\frac{dy}{dx} = \frac{\partial F(w)}{\partial w} \cdot \frac{dw}{dx} + \frac{\partial f(v)}{\partial v} \cdot \frac{dv}{dx}$$

$$= F'(w) \cdot 1 + f'(v) \cdot 1$$

여기에서 1이라는 숫자는 단순히 w와 v에서 x의 계수에 불과하다. 그리고

$$\frac{d^2 y}{dx^2} = F''(w) + f''(v)$$

또한

$$\frac{dy}{dt} = \frac{\partial F(w)}{\partial w} \cdot \frac{dw}{dt} + \frac{\partial f(v)}{\partial v} \cdot \frac{dv}{dt}$$

$$= F'(w) \cdot a + f'(v) \cdot a$$

그리고

$$\frac{d^2 y}{dt^2} = F''(w) a^2 + f''(v) a^2$$

그러므로

$$\frac{d^2 y}{dt^2} = a^2 \frac{d^2 y}{dx^2}$$

이 미분 방정식은 물리학에서 파동의 전파현상을 다루는데 매우 중요하게 이용된다(276페이지를 참조하라).

두 개의 독립 변수를 다루는 함수들의 극대와 극소

(5) 124페이지에 있는 연습문제 9의 (4)번을 다시 풀어 보자.

삼각형의 두 변이 되는 노끈의 길이를, 각각 x, y라 하면 나머지 한 변의 길이는 $30-(x+y)$가 되며, 삼각형의 넓이는

$$A = \sqrt{s(s-x)(s-y)(s-30+x+y)}$$

여기에는 s는 노끈길이(삼각형의 둘레)의 $\frac{1}{2}$에 해당되는 길이가 되며, 그러므로

$$s = 15$$
$$A = \sqrt{15P}$$

여기에서

$$P = (15-x)(15-y)(x+y+15)$$
$$= xy^2 + x^2y - 15x^2 - 15y^2 - 45xy + 450x + 450y - 3375$$

P가 극대가 될 때 A가 극대가 되는 것은 명백하다.

$$dP = \frac{\partial P}{\partial x}dx + \frac{\partial P}{\partial y}dy$$

극대를 위하여(이 경우에 있어서 극소는 되지 않는다)
다음과 같은 조건을 동시에 만족시켜야 한다.

$$\frac{\partial P}{\partial x} = 0, \quad \frac{\partial P}{\partial y} = 0$$

즉

$$2xy - 30x + y^2 - 45y + 450 = 0$$
$$2xy - 30y + x^2 - 45x + 450 = 0$$

그러므로 $x = y$임을 바로 알 수 있다.

이 조건을 P의 값에 대입시키면

$$P = (15-x)^2(2x-15)$$
$$= 2x^3 - 75x^2 + 900x - 3375$$

극대 혹은 극소가 되기 위해서는

$$\frac{dP}{dx} = 6x^2 - 150x + 900 = 0$$

이 되어야 하며, 이 때 x의 값은

$$x = 15 \text{ 또는}$$
$$x = 10$$

이 된다.

$x = 15$일 때 넓이는 0이 된다.

$$\frac{d^2 P}{dx^2} = 12x - 150$$

에 있어서 $x = 15$일 때 그 값은 (+)30이며, $x = 10$일 때는 (−)30이 되기 때문에 $x = 10$일 때 넓이는 극대가 된다.

(6) 석탄 운반용 직육면체의 화차에 있어서 화차의 부피가 V로 주어졌을 때 옆면의 면적과 바닥면의 면적을 합친 넓이가 가장 최소가 되는 것을 구하라. 이 화차의 모양은 흡사 윗뚜껑을 떼어 낸 직육면체와 상자와 같다. x를 길이, y를 너비로 잡으면 깊이는 $\dfrac{V}{xy}$가 된다. 그러므로 표면적은

$$S = xy + \frac{2V}{x} + \frac{2V}{y}$$
$$dS = \frac{\partial S}{\partial x}dx + \frac{\partial S}{\partial y}dy$$
$$= (y - \frac{2V}{x^2})dx + (x - \frac{2V}{y^2})dy$$

극소가 되기 위해서는(여기에서는 극대일 수는 없다).

$$y - \frac{2V}{x^2} = 0, \; x - \frac{2V}{y^2} = 0$$

$x = y$가 바로 답이 되며, 그러므로

$$S = x^2 + \frac{4V}{x}$$

극소이기 위하여는

$$\frac{dS}{dx} = 2x - \frac{4V}{x^2} = 0$$

그러므로

$$x = \sqrt[3]{2V}$$

가 된다.

◈ 연습문제 15 ◈ (해답 p.319)

(1) $\dfrac{x^3}{3} - 2x^3 y - 2y^2 x + \dfrac{y}{3}$를 x, y에 대하여 각각 미분하라.

(2) 다음 식에서 x, y, z에 대한 편미분 계수를 구하라.

$$x^2 yz + xy^2 z + xyz^2 + x^2 y^2 z^2$$

(3) $r^2 = (x-a)^2 + (y-b)^2 + (z-c)^2$에서 $\dfrac{\partial r}{\partial x} + \dfrac{\partial r}{\partial y} + \dfrac{\partial r}{\partial z}$의 값을

구하라. 또 $\dfrac{\partial^2 r}{\partial x^2} + \dfrac{\partial^2 r}{\partial y^2} + \dfrac{\partial^2 r}{\partial z^2}$의 값을 구하라.

(4) $y = u^v$의 전미분을 구하라.

(5) $y = u^3 \sin v$, $y = (\sin x)^u$, $y = \dfrac{\log_e u}{v}$의 전미분을 구하라.

(6) x, y, z의 크기가 서로 같을 때, 이 값들의 합(k라는 상수)이 최소가 되는 것을 증명하라.

(7) $u = x + 2xy + y$의 극대 혹은 극소를 구하라.

(8) 우편법에 의하면 발송되는 소포의 크기를 제한하고 있는데 모든 소포는 길이와 둘레 치수를 합하여 6피트를 넘지 않는 크기여야 한다. (a) 단면적이 직사각형인 소포와 (b) 단면적이 원형인 소포의 크기가 가장 크게 될 때의 부피를 각각 구하라.

(9) π radian을 셋으로 분할하여 각각의 sin값이 극대 혹은 극소가 되게 하라. 또 이 때의 sin값은 극대값을 가지는가 극소값을 가지는가?

(10) $u = \dfrac{e^{x+y}}{xy}$의 극대 혹은 극소를 구하라.

(11) $u = y + 2x - 2\log_e y - \log_e x$와 극대와 극소를 구하라.

17
적분

이미 제1장에서 말한 바와 같이 $\int$ (적분 또는 인테그랄 이라고 읽는다)이라는 이 신비로운 기호는 「합을 구하기」(summation)의 머리글자 S를 길게 변형시켜 쓴 것에 불과하며 「...의 합」혹은 「동일한 양들의 합」이라는 의미다. 그러므로 $\int$ 은 합(summation)을 나타내는 Σ(시그마) 기호와 의미가 매우 유사하다. 그러나 이 두 기호를 사용함에 있어서 수학을 다루는 사람들은 이들의 의미를 명확히 구별하여 사용하고 있는데 Σ기호는 일반적으로 유한한 양들을 합하는 경우에 사용되며 $\int$기호는 무수히 많은 아주 미세한 크기의 작은 양들을 합하여 전체를 만드는 경우에 사용된다. 그러므로 $\int dy = y$, $\int dx = x$를 의미한다.

어떤 것의 전체는 작은 부분들이 많이 모여 이루어져 있다고 생각할 수 있으며 그 부분의 크기가 작으면 작을수록 전체를 이루는 작은 부분들의 수는 한층 많아진다. 1인치 크기의 노끈은 10개의 작은 토막으로 이루어져 있다고 생각할 수 있으며 이 때 각 노끈 토막은 길이가 $\frac{1}{10}$인치가 된다. 또 100개의 작은 토막으로 되어 있다고 생각할 수 있고 이 때 각 토막의 길이는 $\frac{1}{100}$인

치가 된다. 또한 1,000,000개의 토막으로 되어 있다고 생각할 때
는 각 토막의 길이는 $\dfrac{1}{1,000,000}$ 인치가 된다. 이러한 생각을 무한
히 확장하여 가면 전체라는 것은 한없는 작은 크기의 원소들이
무한히 많이 모여서 된다고 생각할 수 있다.

　이러한 것은 사실이다. 그러나 이러한 식으로 생각하는 것은 도
대체 무슨 의미가 있는 것인가? 도대체 하나의 전체를 왜 직접적
으로 생각해 버리지 않는가? 이러한 의문에 대한 답은 어떤 큰 것
을 하나의 전체로 계산하는 것이 무수히 많은 작은 부분들의 합을
어림잡아 계산하지 않고는 불가능한 경우가 너무나 많기 때문이다.

　그러므로 적분(integration)은 전체를 계산할 수 있게 해준다.
그렇지 않고는 직접적으로 전체의 크기를 측정할 수 없다.

　우리가 이미 잘 알고 있는 예로서 무수히 많은 부분들을 합하
는 두 개의 간단한 경우를 보기로 들어보자.

　우선 다음 수열의 합을 생각해 보자.

$$1+\dfrac{1}{2}+\dfrac{1}{4}+\dfrac{1}{8}+\dfrac{1}{16}+\dfrac{1}{32}+\dfrac{1}{64}+\cdots$$

이 수열의 각 항은 각각 전항의 반이 된다. 이 수열을 무한개의
항으로 전개시켰을 때 총합은 얼마인가? 그 합이 2가 된다는 것
을 누구든지 알 수 있다. 한 개의 선을 예로 들어 이것을 생각해
보자. 1인치로 시작해 보면 1인치, $\dfrac{1}{2}$ 인치, $\dfrac{1}{4}$ 인치, $\dfrac{1}{8}$ 인치,...이
렇게 계속된다.

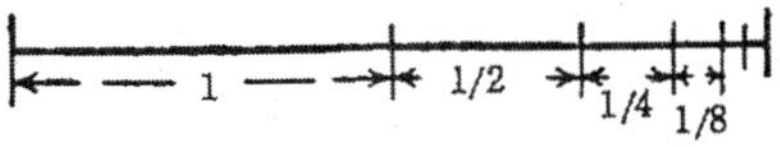

<그림 46>

　이러한 과정 중 어느 한 항에서 생각해 보면 전체가 2인치가
되기까지는 언제는 한 선분 마디가 모자라며, 그 모자라는 선분의

198

길이는 언제는 마지막으로 부가되어 합해진 선분의 길이와 똑같다. 그러므로 1, $\frac{1}{2}$, $\frac{1}{4}$을 합한 후에 보면 $\frac{1}{4}$이 모자란다. 더 계속하여 $\frac{1}{64}$까지 합한 후에는 아직도 $\frac{1}{64}$이 모자란다는 것을 알 수 있다. 그러므로 언제나 똑같다. 그러므로 무한개의 항을 합할 때에만 정확히 2인치가 된다. 우리가 선분으로 나타낼 수 없을 정도로 작은 부분을 잡을 수 있을 때에만 실제적으로 그렇게 될 수 있는데 적어도 10번째 항 이후부터가 될 것인데, 11번째 항은 $\frac{1}{1024}$이 된다. 전자계산기도 계산할 수 없을 정도로 계속 합을 하여 간다 해도 약 20항 정도까지 밖에는 계속할 수 없을 것이다. 그리고 18항 째 선분의 크기는 현미경으로도 볼 수가 없을 것이다. 그러므로 무한개의 항을 계속 합한다는 것은 실제적으로 매우 어려운 일이다. 그렇지만 적분은 이 전체를 쉽게 간단히 처리한다. 앞으로 배우게 되겠지만 적분학은 무한개의 항을 합하여 얻은 결과의 정확한 크기를 알 수 있게 해주며 이러한 경우 적분학은 끝없이 힘들여 계산하지 않으며 안 되는 일을 빠르고 쉽게 할 수 있도록 해준다. 그러면 적분하는 법을 배우자.

곡선과 곡선의 기울기

곡선의 기울기에 대한 좀 기초적인 문제를 생각해 보자. 어떤 곡선식을 미분한다는 것은 그 곡선의 기울기(혹은 각 점에 있어서의 기울기)를 구한다는 의미라는 것을 알고 있다. 그러면 기울기가 주어진다면 그 곡선식을 재구성할 수 있는 미분의 역 과정을 해낼 수 있을까?

98페이지의 예제 2를 다시 보자. 아주 단순한 직선이며 이 선의 방정식은 $y = ax + b$이다.

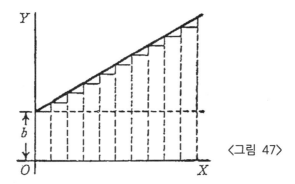

<그림 47>

여기에서 b는 $x = 0$일 때 y의 최초 높이이며, a는 $\dfrac{dy}{dx}$와 동일한 것으로 직선의 기울기가 된다. 즉 이 직선은 기울기가 일정하다. 이 직선의 어느 점에서나 $\triangle$ 이라는 삼각형들이 밑변에 대한 높이의 비는 언제나 똑같다. dx, dy들이 각각 일정한 크기를 가지고 있다고 가정하고 dx 10개가 모여 1인치가 된다고 하면 다음과 같은 10개의 작은 삼각형들이 된다.

이것에 근거하여 곡선을 재구성해야 한다면 $\dfrac{dy}{dx} = a$라는 자료만 가지고 시작을 해야 한다. 어떻게 무엇을 할 것인가? 작은 d들은 일정한 크기가 있는 것으로 간주하면 기울기가 모두 같은 10개의 작은 삼각형들을 그릴 수 있고 이들을 모두 일렬로 붙여 놓으면 다음 〈그림 48〉과 같이 된다.

기울기들이 모두 같으므로 〈그림 48〉과 같이 이어지며 이 직선의 기울기는 정확한 기울기인 $\dfrac{dy}{dx} = a$를 갖는다. dy와 dx를 일정하게 잡든지 혹은 무한히 작게 잡을지라도 그 결과는 마찬가지로 $\frac{y}{x}=a$가 된다. 또 y를 모든 dy의 합으로 잡아도 마찬가지 결과가 된다. 그러나 남은 문제는 이 직선을 어디에다 놓아야 할 것인가? 하는 것이다. 원점인 0에서 시작할까? 그렇지 않으면 그 보다 훨씬 위에서 시작하여야 할까? 우리가 알고 있는 정보는 단지 기울기에 관한 것뿐이므로 원점 0으로부터 얼마나 위에서 시작해야 하는지는 알 수가 없다. 실제로 최초의 높이는 결정이 되지 않는다. 그러나 최초의 높이가 얼마나 되든지 기울기는 일정한 것이다. 그러므로 원점 0으로부터의 C의 높이에서 시작한다고 추측을 하는 것이다. 그러므로 구하는 식은

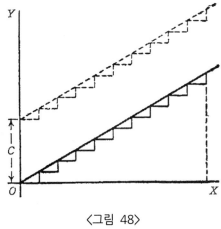

〈그림 48〉

다음과 같이 된다.

$$y = ax + C$$

이 경우에서 볼 때 더해진 상수 C는 $x=0$일 때 y의 특정한 값인 것을 말해준다.

이번에는 좀 더 어려운 문제로서 기울기가 일정하지 않고 점차로 커지는 경우(곡선)를 생각해 보자. x가 증가함에 따라서 기울

기가 점점 더 커지는 경우라면 다음과 같이 표시된다.

$$\frac{dy}{dx} = ax$$

구체적인 예를 들어 $a = \frac{1}{5}$ 로 잡으면

$$\frac{dy}{dx} = \frac{1}{5}x$$

가 된다.

x의 여러 값들을 잡아서 각각 기울기의 값을 몇 개 구해 보고 이에 맞는 기울기의 모형들을 그려 보는 게 좋다.

$x = 0, \frac{dy}{dx} = 0$

$x = 1, \frac{dy}{dx} = 0.2$

$x = 2, \frac{dy}{dx} = 0.4$

$x = 3, \frac{dy}{dx} = 0.6$

$x = 4, \frac{dy}{dx} = 0.8$

$x = 5, \frac{dy}{dx} = 1.0$

이 삼각형의 모형들을 모아서 밑변의 중간점이 일정 간격 우측으로 배열되도록 모서리와 모서리를 이어서 연결하면 〈그림 49〉와 같이 된다.

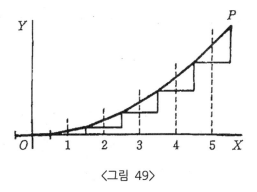

〈그림 49〉

  물론 이때 매끈한 곡선이 그려지지 않고 대강의 모양만을 보여
준다. 단위 길이를 앞으로의 반으로 잡고 삼각형의 수를 2배로 하
여 그리면 〈그림 50〉과 같이 되는데 이때는 전보다 한층 사실에
근사한 곡선이 된다.

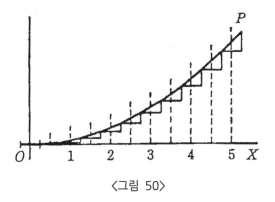

〈그림 50〉

  그러나 완전한 곡선을 그리려면 dx와 이에 대응되는 dy를 각각
무한히 작은 크기로 잡고, 이들의 개수를 무한히 많게 해야 한다.
  그러면 y의 값은 어떻게 정해지는가? 곡선의 어떤 점P에서 y의
값은 0에서부터 P까지 높이에 이르는 모든 작은 dy들의 합이 될
것이다. 즉 $\int dy = y$가 된다. 그리고 dy는 각각 $\dfrac{1}{5}x \cdot dx$이므로 y

전체는 모든 $\dfrac{1}{5}x \cdot dx$ 들의 합이 되며 다음과 같이 쓸 수 있다.

$$y = \int \dfrac{1}{5}x \cdot dx$$

여기에서 x가 상수였다면 $\int \dfrac{1}{5}x \cdot dx$는 $\dfrac{1}{5}x \int dx$ 또는 $\dfrac{1}{5}x^2$과 같게 되었을 것이다. 그러나 x는 0으로부터 시작되어 점점 증가하여 점 P인 x의 특정한 값까지 된 것이다. 그러므로 0에서부터 그 점까지 x의 평균값은 $\dfrac{1}{2}x$가 된다. 그러므로

$$\int \dfrac{1}{5}x \cdot dx = \dfrac{1}{10}x^2$$

또는 $y = \dfrac{1}{10}x^2$

이 된다.

그러나 앞의 예에서와 같이 여기에도 미지의 상수 C를 더해주지 않으면 안 된다. 왜냐하면 $x = 0$일 때 즉 원점으로부터 얼마나 떨어진 높이에서 이 곡선이 시작되는지를 모르기 때문이다. 그러므로 〈그림 51〉에 그려진 곡선의 식을 다음과 같이 쓰는 것이다.

$$y = \dfrac{1}{10}x^2 + C$$

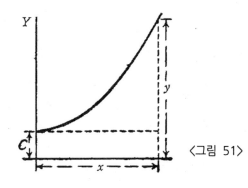

〈그림 51〉

◈ 연습문제 16 ◈ (해답 p.320)

(1) $\dfrac{2}{3}+\dfrac{1}{3}+\dfrac{1}{6}+\dfrac{1}{12}+\dfrac{1}{24}+...$의 최종 합을 구하라.

(2) 수열 $1-\dfrac{1}{2}+\dfrac{1}{3}-\dfrac{1}{4}+\dfrac{1}{5}-\dfrac{1}{6}+\dfrac{1}{7}-\dfrac{1}{8}...$의 합이 수렴(어떤 수에 점점 가까워짐)함을 보여라. 8항까지의 합을 구하라.

(3) $\log_e(1+x)=x-\dfrac{x^2}{2}+\dfrac{x^3}{3}-\dfrac{x^4}{4}+...$일 때 $\log_e 1.3$을 구하라.

(4) (a) $\dfrac{dy}{dx}=\dfrac{1}{4}x$일 때 y를 구하라.

(b) $\dfrac{dy}{dx}=\cos x$일 때 y를 구하라.

(5) $\dfrac{dy}{dx}=2x+3$일 때 y를 구하라.

18

미분의 역과정으로서의 적분

미분이란 y가 x의 함수일 때 $\dfrac{dy}{dx}$를 구하는 과정이다.

어떠한 수학적 계산의 경우와 마찬가지로 미분 과정은 역순으로 전개할 수 있다. 그르므로 만약 $y=x^4$을 미분하면 $\dfrac{dy}{dx}=4x^3$ 이 되는데, $\dfrac{dy}{dx}=4x^3$에서 시작하여 미분을 역으로 전개하면 $y=x^4$이 된다. 그러나 여기에 흥미로운 점이 있다. 즉, 다음에서 볼 때 x^4, x^4+a, x^4+c, x^4+미지의 상수, 이중의 어느 것을 미분해도 $\dfrac{dy}{dx}=4x^3$을 얻는다는 사실이다. 그러므로 도함수 $\dfrac{dy}{dx}$로부터 y를 역으로 구할 때는 언제나 상수를 더해 주어야 한다는 사실을 명심해야 한다. 이때의 상수를 **적분상수**라고 하며 이것의 값은 어떤 또 다른 방법으로 확인될 때까지는 미지의 값으로 남게 된다. 그러므로 x^n을 미분하면 nx^{n-1}이 되며, $\dfrac{dy}{dx}=nx^{n-1}$을 역순으로 전개하면 $y=x^n+C$가 되며, 이 때 C는 미지의 적분상수가 된다.

x의 거듭제곱을 다룰 때 미분의 역과정은 거듭제곱 지수에 1을

더하고, 이 증가된 지수로 나눈 후 적분상수를 더해 주면 된다.
그러므로 다음의 경우, 미분의 역과정은 아래와 같다.

$$\frac{dy}{dx} = x^n$$

$$y = \frac{1}{n+1}x^{n+1} + C$$

$y = ax^n$을 미분하면

$$\frac{dy}{dx} = anx^{n-1}$$

이 되며 $\frac{dy}{dx} = anx^{n-1}$로부터 시작하여 역과정을 전개하면

$$y = ax^n$$

이 되는 것은 너무나 당연하다. 그러므로 곱해지는 상수를 취급할
때는 적분되어진 결과에 상수를 단순히 곱해 주면 된다.

그러므로

$$\frac{dy}{dx} = 4x^2$$

이라면, 역순으로 전개하면

$$y = \frac{4}{3}x^3$$

이 된다.

그러나 이것만으로는 완전하지 못하다.

$$y = ax^n + C$$

로부터 출발할 경우 C는 상수항이고, 이때도 역시

$$\frac{dy}{dx} = anx^{n-1}$$

을 얻게 된다.

그러므로 미분의 역과정을 전개하면 확실한 값은 모르지만 미지의 적분 상수를 더해 주어야 한다.

이러한 미분의 역과정을 **적분**(integration)이라고 한다. 이것은 dy 혹은 $\dfrac{dy}{dx}$에 관한 표현만이 주어졌을 때 전체의 크기 y를 구하는 것이다. 지금까지는 가능하면 dy와 dx를 동시에 써서 하나의 미분계수로 생각하여 사용하여 왔으나 앞으로는 아주 흔히 이들을 분리시켜 하나씩 사용해야 할 것이다.

$\dfrac{dy}{dx} = x^2$이라는 간단한 경우를 예를 들면 이것을 $dy = x^2 dx$와 같이 써놓고 수학적인 일들을 한다는 것이다.

여기에서 보면 y를 이루고 있는 한 개의 요소는 x를 이루고 있는 한 개의 요소에다 x^2를 곱한 것과 같다는 것을 의미하는 하나의 **미분방정식**(differential equation)이다. 우리가 원하는 것은 인테그랄 즉 어떤 것의 합인 전체인데 그러므로 양변 항을 각각 합하라는 지시를 상징해주는 적절한 기호를 넣어주어야 한다. 그러므로 다음과 같이 된다.

$$\int dy = \int x^2 dx$$

(위의 식은 「인테그랄 dy는 인테그랄 $x^2 dx$와 같다」 라고 읽는다)

우리는 아직도 적분을 하지 않았다. 적분을 하라는 지시만을 써놓은 것에 불과하다. 자, 그러면 적분을 해보자. 많은 사람들이 이것을 할 수 있는데 우리라고 못할 리 없다. 왼쪽 항은 매우 간단하다. y를 구성하고 있는 모든 요소들을 합하면 y 그 자체가 된다. 그러므로 다음과 같이 쓸 수 있다.

$$y = \int x^2 dx$$

그러나 이 식의 오른쪽 항을 적분하려면 적분해야 하는 것이

208

모두 dx들만이 아니라 x^2dx라는 것 전체임을 알아야 한다. 그리고 이것은 $x^2\int dx$와도 같지 않은데 그것은 x^2이 상수가 아니가 때문이다. x가 정해짐에 따라 dx의 약간이 x^2의 아주 작은 값들에 의해 곱해지는 것이다. 그러므로 적분과정은 미분의 역과정이란 것을 생각해야만 한다. 이 역과정의 방법은 앞의 206페이지에서 x^n을 예를 든 바와 같이 「거듭제곱 지수에 1을 더하고, 이 증가된 지수로 나눈다」 즉 x^2dx는 적분하면 $\frac{1}{3}x^3$이 된다. 이것을 식에 넣고 반드시 적분상수 C를 더하는 것을 잊어서는 안 된다. 그러므로

$$y = \frac{1}{3}x^3 + C$$

이렇게 실제로 적분을 한 것인데, 이 얼마나 쉬운가! 간단한 것을 또 적분해 보자.

$$\frac{dy}{dx} = ax^{12}$$

a라는 상수로 곱해지는 다음의 경우다. 제 5 장에서 배운 바와 같이 미분과정에서 y값에 있는 상수는 변함없이 $\frac{dy}{dx}$에 곱해져 다시 나타나게 된다는 것을 알고 있다. 그러므로 적분과정에서도 곱하여진 상수는 y의 값에 다시 나타나야 한다. 앞의 예와 같이 전개하면 다음과 같다.

$$dy = ax^{12}dx$$
$$\int dy = \int ax^{12}dx$$
$$\int dy = a\int x^{12}dx$$

$$y = a \times \frac{1}{13} x^{13} + C$$

이것으로 다된 것이다. 얼마나 쉬운가?

적분은 미분에 비해 생각할 때 미분과정을 역으로 거슬러 찾아가는 것이다.*7) 미분하는 중에 예의 ax^{12}과 같은 특정한 식을 만나면 언제나 그것이 미분되어진 본래의 y(원시 함수라고도 한다)로 되돌아 찾아갈 수 있다. 이 두 가역과정은 다음의 비유로써 설명될 수 있다. 어떤 시골 사람을 서울 시청 앞 광장에 데려다 놓고 청량리역을 찾아 가라고 하면 그는 그것을 불가능하다고 생각할 것이다. 그러나 그가 전에 청량리역에서 시청 앞 광장까지 찾아온 경험이 있는 사람이라면 청량리역을 찾아 되돌아가는 것은 비교적 쉬울 것이다.

덧셈과 뺄셈의 적분

$\dfrac{dy}{dx} = x^2 + x^3$이라면

$$dy = x^2 dx + x^3 dx$$

가 된다.

각 항을 별도로 적분하지 못할 이유가 없다. 제 6 장에서 배운 바와 같이 분리된 두 함수들의 합을 미분할 때 미분 계수는 두 함수를 각각 미분하여 더한 것이라는 것을 알 수 있다. 그러므로 적분을 할 때 적분의 결과는 분리된 두 함수를 각각 적분하여 합한 것이 된다.

풀이는 다음과 같다.

$$\int dy = \int (x^2 + x^3) dx$$

---

7) *도함수의 원시함수를 구하는 것이라고도 한다

$$= \int x^2 dx + \int x^3 dx$$

$$y = \frac{1}{3}x^3 + \frac{1}{4}x^4 + C$$

이 중 어느 한 항이 (−)부호를 가지고 있었다면 그 항의 적분 결과 역시 (−)를 갖게 된다. 이와 같이 빼기를 적분하는 것도 더하기의 경우와 같이 쉽게 된다.

상수항의 처리

다음과 같은 상수항을 가진 식을 적분해 보자.

$$\frac{dy}{dx} = x^n + b$$

이것 역시 매우 쉽다. $y = ax$를 미분하면 결과가 $\frac{dy}{dx} = a$가 된다는 사실만 알고 있으면 된다. 그러므로 적분할 때는 상수항은 x에 곱해져서 다시 나타난다. 그러므로 다음과 같다.

$$dy = x^n dx + b dx$$
$$\int dy = \int x^n dx + \int b dx$$

$$y = \frac{1}{n+1}x^{n+1} + bx + C$$

아래에 지금 우리가 배운 것들을 활용할 수 있는 문제들이 많이 있다.

(예제)

(1) $\frac{dy}{dx} = 24x^{11}$일 때 y를 구하라.

　　(해답) $y = 2x^{12} + C$

(2) $\int (a+b)(x+1)dx$를 구하라.

$$\int (a+b)(x+1)dx = (a+b)\int (x+1)dx$$

$$= (a+b)[\int x dx + \int dx]$$

$$= (a+b)(\frac{x^2}{2}+x)+C$$

(3) $\dfrac{du}{dt}=gt^{\frac{1}{2}}$일 때 u를 구하라.

(해답) $u = \dfrac{2}{3}gt^{\frac{3}{2}}+C$

(4) $\dfrac{dy}{dx}=x^3-x^2+x$일 때 y를 구하라.

$$dy = (x^3-x^2+x)dx$$

$$= x^3 dx - x^2 dx + x dx$$

$$y = \int x^3 dx - \int x^2 dx + \int x dx$$

$$= \frac{1}{4}x^4 - \frac{1}{3}x^3 + \frac{1}{2}x^2 + C$$

(5) $9.75x^{2.25}dx$를 적분하라.

(해답) $y = 3x^{3.25}+C$

이번에는 좀 색다른 것을 적분해 보자.

$$\frac{dy}{dx} = ax^{-1}$$

위에서 배운 바와 같이 전개하면

$$dy = ax^{-1}dx$$
$$\int dy = a \int x^{-1}dx$$

자, 그러면 $x^{-1}dx$를 적분하면 어떤 결과가 되는가?

앞에서 배운 x^2, x^3, x^n 등의 미분 결과들 중에서 x^{-1}이 $\dfrac{dy}{dx}$의 값이 된 것을 찾아 볼 수 없었다. x^3을 미분하면 $3x^2$, x^2를 미분하면 $2x$가 된다. 그러나 x^0을 미분하면 x^{-1}이 되지 않는다. 그 이유는 두 가지가 있다. 첫째, $x^0 = 1$이며 상수가 된다. 그러므로 미분계수를 가질 수 없다. 둘째, 설사 미분되어 진다해도 (맹목적으로 흔히 미분하는 방법에 따라서) x^0은 $0 \times x^{-1}$이 되며 결국 그 결과는 0이 된다. 그러므로 $x^{-1}dx$를 적분하려 할 때는 이것이 다음과 같은 x의 거듭제곱의 형태로부터 적분되어진 방법에 의한 것이 아니라는 것을 알아야 한다.

$$\int x^n dx = \frac{1}{n+1}x^{n+1}$$

그러므로 $x^{-1}dx$의 경우는 예외적인 것이다.

그러면 많은 x의 함수들로부터 얻어진 미분계수들 중에서 x^{-1}을 찾아보자. 좀 찾아보면 $y = \log_e x$(153페이지)의 미분 결과가 분명히 $dy/dx = x^{-1}$임을 쉽게 알 수 있다. 그러므로 $\log_e x$를 미분하면 x^{-1}이 되기 때문에, 역으로 $y = x^{-1}$를 적분하면 $y = \log_e x$가 된다. 그러나 이때에도 주어진 상수 a를 잊어서는 안 되며 또한 미지의 적분상수를 빠뜨려서도 안 된다. 그러므로 $\dfrac{dy}{dx} = ax^{-1}$의 적분 결과는 다음과 같다.

$$y = a \log_e x + C$$

$\log_e x$를 미분하면 x^{-1}이 된다는 것을 모르고 있었다면 $x^{-1}dx$를 적분하는 문제를 꼼짝없이 못 풀었을 것이다. 사실로 이러한 점이 적분학의 흥미 있는 특징의 하나이다. 즉 적분하려는 것이 미분의 역과정에 의하여 결과가 나오는 것일 때에만 적분할 수가 있다. 수학이 발달한 오늘날에도 다음의 식은 어느 누구도 적분할 수가 없다.

$$\frac{dy}{dx} = a^{-x^2}$$

왜냐하면 a^{-x^2}은 어떤 것을 미분하여 얻어진 결과인지를 모르기 때문이다.

(예제)

적분 $\int (x+1)(x+2)dx$를 구하라.

적분하기 전에 이 함수를 살펴보면 이 함수는 x에 대한 다른 두 함수의 곱으로 되어 있음을 알 수 있다. 그리고 $(x+1)dx$를 별도로 적분하고 또 $(x+2)dx$를 별도로 적분할 수 있다고 생각할 수 있을 것이다. 물론 그렇게 분리시켜 별도로 적분할 수 있다. 그렇다면 이 함수들의 곱은 어떻게 처리해야 하는가? 지금까지 배운 미분 계산 중에서 미분계수가 이와 같은 경우에서처럼 곱의 형태로 나타난 것은 보지를 못했다. 이러한 경우 가장 간단한 방법은 두 함수를 곱한 후 그 결과를 적분하는 것이다. 즉

$$\int (x+1)(x+2)dx = \int (x^2+3x+2)dx$$
$$= \int x^2 dx + \int 3x dx + \int 2dx$$

$$= \frac{1}{3}x^3 + \frac{3}{2}x^2 + 2x + C$$

이외의 여러 적분들

우리는 적분이라는 것이 미분의 역과정이라는 것을 알았다. 그러면 우리가 이미 알고 있는 미분계수들을 나열시킨 후 어떤 함수들로부터 이들이 미분되어 졌는가를 살펴보면 다음과 같은 표로서 정리할 수 있다.

x^{-1} $\displaystyle\int x^{-1}dx = \log_e x + C$ (159페이지 참조)

$\dfrac{1}{x+a}$ $\displaystyle\int \frac{1}{x+a}dx = \log_e(x+a) + C$ (160페이지 참조)

e^x $\displaystyle\int e^x dx = e^x + C$ (154페이지 참조)

e^{-x} $\displaystyle\int e^{-x}dx = -e^{-x} + C$

$$y = -\frac{1}{e^x}, \; \frac{dy}{dx} = -\frac{e^x \times 0 - 1 \times e^x}{e^{2x}} = e^{-x}$$

$\sin x$ $\displaystyle\int \sin x \, dx = -\cos x + C$ (177~179페이지 참조)

$\cos x$ $\displaystyle\int \cos x \, dx = \sin x + C$ (180~181페이지 참조)

다음과 같은 함수들의 적분도 구할 수 있다.

$\log_e x$ $\displaystyle\int \log_e x \, dx = x(\log_e x - 1) + C$

$$\left(y = x\log_e x - x, \; \frac{dy}{dx} = \frac{x}{x} + \log_e x - 1 = \log_e x\right)$$

$\log_{10} x$ $\displaystyle\int \log_{10} x \, dx = 0.4343x(\log_e x - 1) + C$

$$a^x \qquad \int a^x\,dx = \frac{a^x}{\log_e x} + C \ \text{(160페이지 참조)}$$

$$\cos as \int \cos as\,dx = -\frac{1}{a}\sin ax + C$$

$$(y = \sin ax, \frac{dy}{dx} = a\cos ax)$$

$$\sin ax \qquad \int \sin ax\,dx = -\frac{1}{a}\cos ax + C$$

$\cos^2\theta$

$$\cos 2\theta = \cos^2\theta - \sin^2\theta = 2\cos^2\theta - 1$$

$$\cos^2\theta = \frac{1}{2}(\cos 2\theta + 1)$$

$$\int \cos^2\theta d\theta = \frac{1}{2}\int(\cos 2\theta + 1)d\theta$$

$$= \frac{1}{2}\int \cos 2\theta d\theta + \frac{1}{2}\int d\theta$$

$$= \frac{\sin 2\theta}{4} + \frac{\theta}{2} + C \ \text{(243페이지 참조)}$$

좀 더 상세한 것은 306~307페이지에 수록된 표준 미적분표를 참고하라. 스스로 미분과 적분을 할 수 있는 함수들을 정리하여 각자가 이러한 표를 만들어라. 그리고 그 표의 내용이 점점 커지도록 계속 노력하라.

이중적분과 삼중적분

두 개 혹은 그 이상의 독립변수를 가지는 식들을 적분해야 하는 경우들이 있다. 이런 경우 적분 기호는 한 번 이상 나타난다. 그러므로

$$\iint f(x,y)dxdy$$

는 x와 y라는 두 개의 독립변수를 가지는 함수이며 x와 y에 대하여 각각 적분되어야 함을 의미한다. 어느 것이 먼저 적분되어야 하는지의 순서는 문제가 안 된다. 그러면

$$x^2 + y^2$$

이라는 함수를 예로 들어보자. 우선 x에 대하여 적분하면

$$\int (x^2 + y^2)dx = \frac{1}{3}x^3 + xy^2$$

다음에는 이것을 y에 대하여 적분하면

$$\int (\frac{1}{3}x^3 + xy^2)dy = \frac{1}{3}x^3y + \frac{1}{3}xy^3$$

이 되며 물론 여기에 적분상수를 더 해 주어야 한다. x, y에 대한 적분의 순서를 바꾸어도 결과는 마찬가지다. 어떤 도형의 평면적이나 어떤 물체의 표면적을 계산할 때는 길이와 폭 모두에 대하여 적분해야 한다. 그러므로 적분은 다음과 같은 모양을 가진다.

$$\iint u \cdot dx \cdot dy$$

여기에서 u는 각 점에서 x와 y의 값에 의하여 좌우되는 어떤 요소이다. 이러한 형태의 적분을 **넓이를 구하는 적분**이라 부른다. 이것은 $u \cdot dx \cdot dy$(즉, 길이가 dx, 폭이 dy되는 아주 작게 분할된 직사각형에 대한 u의 값)와 같은 작은 요소(면적소)들 모두의 값이 전체 길이와 전체 폭에 걸쳐서 총합계 되어야 한다는 것을 의미한다.

길이, 폭, 높이가 있는 물체의 경우에도 마찬가지이다. dx, dy, dz의 부피를 갖는 작은 입방체의 각 요소들을 생각해 보자. 이 입방체의 모양이 $f(x, y, z)$라는 함수로 표시된다면 이 입방체의 부피는 다음과 같은 **부피를 구하는 적분**으로 표시된다.

$$부피 = \iiint f(x, y, z) \cdot dx \cdot dy \cdot dz$$

이러한 적분들은 각 물체들의 부피의 극한을 어림하는 셈이다. (이것에 관하여는 다음 장에서 배우게 된다). 그리고 적분은 길이, 폭, 높이에 대한 x, y, z의 한계(혹은 구간)가 정해지지 않으면 불가능하다. 만약 x의 한계는 x_1에서 x_2, y의 한계는 y_1에서 y_2, z의 한계는 z_1에서 z_2라고 하면 이 때의 부피는 정확히 다음과 같다.

$$부피 = \int_{z_1}^{z_2} \int_{y_1}^{y_2} \int_{x_1}^{x_2} f(x, y, z) \cdot dx \cdot dy \cdot dz$$

물론 이것들보다 한층 복잡하고 어려운 경우들이 무수히 많다. 그러나 일반적으로 어떤 적분은 평면적을 구하는데 쓰이든지 혹은 물체의 표면적을 구하는데 까지도 쓰인다는 것을 지시해 주는 기호들의 중요성을 파악하는 것은 매우 쉽다.

◈ 연습문제 17 ◈ (해당 p.320)

※다음 적분을 구하라.

(1) $y^2 = 4ax$일 때 $\int y dx$

(2) $\int \dfrac{3}{x^4} dx$

(2) $\int \dfrac{1}{a} x^3 dx$

(4) $\int (x^2 + a) dx$

(5) $\int 5x^{-\frac{7}{2}} dx$

(6) $\int (4x^3 + 3x^2 + 2x + 1) dx$

(7) $\dfrac{dy}{dx} = \dfrac{ax}{2} + \dfrac{bx^2}{3} + \dfrac{cx^3}{4}$일 때 y를 구하라.

(8) $\int (\dfrac{x^2 + a}{x + a}) dx$

(9) $\int (x + 3)^3 + dx$

(10) $\int (x + 2)(x - a) dx$

(11) $\int (\sqrt{x} + \sqrt[3]{x}) 3a^2 dx$

(12) $\int (\sin\theta - \dfrac{1}{2}) \dfrac{d\theta}{3}$

(13) $\int \cos^2 a\theta d\theta$

(14) $\int \sin^2 \theta d\theta$

(15) $\int \sin^2 a\theta d\theta$

(16) $\int e^{3x} dx$

(17) $\int \dfrac{dx}{1 + x}$

(18) $\int \dfrac{dx}{1 - x}$

19

적분에 의한 면적의 계산

적분법을 응용하여 곡선들로 둘러싸인 평면 도형의 면적을 계산해 낼 수 있다.

〈그림 52〉의 곡선 AB가 우리가 알고 있는 함수식으로 표시된 곡선이라고 하자. 즉, 이 곡선의 y는 우리가 알고 있는 x의 어떤 함수다. 이 곡선 상의 점 P에서 점 Q까지 곡선의 일부분을 생각해 보자. P에서 수선 PM을 내려 긋고 Q에서서 수선 QN을 내려 그은 후 수평성분 $OM=x_1$, $ON=x_2$, 수직선분 $PM=y_1$, $QN=y_2$라 하자. 이렇게 곡선 PQ 아래에 있는 도형 PQNM을 표시할 수 있다. 문제는 이 도형의 면적을 계산하는 것이다.

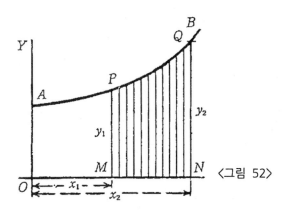

〈그림 52〉

이 문제를 푸는 비결은 이 평면도형이 dx라는 좁은 폭을 가진 소구간(면적소라고도 함)들로서 구성되어 있다고 생각하는 것이다. dx를 작게 분할하면 할수록 x_1과 x_2 사이에는 더 많은 소구간들이 생긴다. 그러면 이 도형의 전체 면적은 이 소구간들의 넓이를 모두 합한 것과 같다. 어떤 한 개의 소구간들의 넓이를 나타내는 식을 구한 다음, 모든 소구간들의 넓이를 합하는 적분을 하면 된다. 우선 어떤 하나의 소구간의 넓이를 생각해 보자. 이 소구간의 모형은 양쪽에 두 개의 수선이 있고, 밑면으로 폭이 dx이며 평평하고, 윗면은 약간 굽은 곡선으로 된 각도를 가진 사면일 것이다 사각형 모양인 이 소구간의 평균높이를 y라고 가정하면, 그 폭은 dx이므로, 이 소구간의 넓이는 ydx가 될 것이다. 이 소구간의 폭을 가능한 한 작게 잡을수록 이것의 평균높이는 밑변의 중간 지점에서의 높이와 점점 더 같게 된다. 우리가 구하려고 하는 도형의 전체 면적을 S라 하자. 그러면 한 개의 소구간의 넓이는 전체 면적의 일부분에 불과하며, 그러므로 이것을 dS라고 하자. 그러면 다음과 같이 쓸 수 있다.

소구간 1개의 넓이 $=dS=y\cdot dx$

그러므로 소구간 모두의 넓이를 더하면 다음과 같다.

전체면적 $S=\int dS=\int ydx$

그러면 이제는 실제의 예를 들어 이 문제를 풀어 보자. 위에서 다루었던 문제의 곡선이 $y=b+ax^2$이라고 하면 면적을 구하는 위의 식에 이것을 넣을 수 있으며 다음과 같이 된다.

$$S=\int(b+ax^2)dx$$

여기까지는 모든 것이 잘 되었다. 그러나 좀 더 고려되어야만 하는 것들이 있다. 우리가 구하려고 하는 면적은 그 곡선의 전체 선분 아래에 있는 면적이 아니라 수선 PM의 좌측은 제외하고, 또 수선 QN의 우측은 제외해 버린 한정된 면적일 것이다. 그러므로 이러한 주어진 「구간」 사이에 있는 넓이를 규정해 주는 어떤 작업을 해야만 한다.

이러한 것으로부터 구간 내에서의 적분이라는 새로운 개념을 정하게 된다. x의 값이 변한다고 할 때 현재의 경우에 있어서 x_1 (즉 OM)보다 작은 x의 어떤 값은 물론이려니와 x_2(즉 ON)보다 큰 x의 어떤 값도 아무 필요가 없다. 그러므로 적분에 있어서 두 개의 적분 한계가 정해지며 이 두 개의 한계 중 아래의 적분 한계를 하한(inferior limit, lower limit, 아래 끝)이라 하며, 위의 적분 한계를 상한(superior limit, upper limit, 위끝)이라 부른다. 이렇게 범위의 한계가 정해지는 적분을 정적분(definite integral)이라고 하며 한계가 없는 적분을 일반적분(general integral)이라 부른다.

그러므로 적분을 지시하는 표준기법에는 적분기호의 위와 아래에 각각 적분한계를 표시해 주어야 한다. 그러므로 위의 예를 표준기법에 의하여 쓰면

$$\int_{x=x_1}^{x=x_2} y \cdot dx$$

이며, 이 지시의 의미는 「하한 x_1과 상한 x_2 구간 사이에 있는 $y \cdot dx$의 적분을 구하라」 는 뜻이다.

이것을 더욱 더 간단히 나타내면

$$\int_{x_1}^{x2} y \cdot dx$$

이다.

그러면 이러한 지시를 받았을 때 두 적분 한계가 있는 적분을 어떻게 구해야 하는가?

〈그림 52〉를 다시 한 번 보자. 이 곡선의 A에서 Q까지의 선분 아래 면적을 구한다고 하자. 즉 $x=0$에서 $x=x_2$까지 도형의 면적이다. 그리고 A에서 P까지의 아래 면적 즉 $x=0$에서 $x=x_1$까지 좀 작은 도형 $APMO$의 면적을 구한다고 하자. 그리고 큰 도형의 면적에서 작은 도형의 면적을 빼면 우리가 구하려 하는 나머지 $PQNM$도형의 면적이 나온다. 여기에 우리가 구하려 하는 것의 실마리가 보인다. 즉, 두 개의 적분 한계 사이에 있는 정적분은 상한까지 적분한 것(상합, upper sum)에서 하한까지 적분한 것(하합, lower sum)을 뺀 그 나머지가 된다.

이 모든 것을 고려하여 좀 더 풀어보자. 우선 일반적분은

$$\int y \cdot dx$$

이며, 그 곳선 〈그림 52〉의 식은 $y=b+ax^2$이므로

$$\int (b+ax^2)dx$$

가 되며 이것이 우리가 구해야 하는 일반적분이다.

이것을 적분하면

$$bx + \frac{a}{3}x^3 + C$$

가 되면, 이것은 원점 0에서부터 임의의 값 x까지의 곡선 아래의 전체 면적이 된다.

그러므로 0에서 상한 x_2까지에 이르는 곡선 아래 큰 도형의 면적은

$$bx_2 + \frac{a}{3}x_2^3 + C$$

가 되며 하한 x_1까지에 이르는 곡선 아래 작은 도형의 면적은

$$bx_1 + \frac{a}{3}x_1^3 + C$$

가 된다.

그러면 이제는 큰 도형에서 작은 도형을 빼주면, 우리가 구하려는 도형의 면적 S의 값을 알게 된다. 즉

$$면적 \ S = b(x_2 - x_1) + \frac{a}{3}(x_2^3 - x_1^3)$$

이것이 우리가 구하는 답이다. 이것에 구체적인 수치들을 넣어보자. 다음과 같이 가정하면

$$b = 10, \ a = 0.06$$
$$x_2 = 8, \ x_1 = 6$$

$$\begin{aligned}
면적 \ S &= 10(8-6) + \frac{0.06}{3}(8^3 - 6^3) \\
&= 20 + 0.02(512 - 216) \\
&= 20 + 0.02 \times 296 \\
&= 20 + 5.92 \\
&= 25.92
\end{aligned}$$

이러한 것을 적분한계를 말해주는 표기법으로 표시하면

$$\int_{x=x_1}^{x=x_2} y \cdot dx = y_2 - y_1$$

이며 이때 y_2는 x_2까지 $y \cdot dx$를 적분한 값(상합)이며 y_1은 x_1까지 $y \cdot dx$를 적분한 값(하합)이다.

적분한계를 가지는 적분은 언제나 상한과 하한까지 각각 적분된 값의 차이를 나타낸다. 즉, 상합에서 하합을 뺀 나머지다. 그리고 상한까지의 적분에서 하한까지의 적분을 빼는 과정에서 적분상수 C는 소거되는 것을 주목해야 한다.

(예제)

(1) 위에서 설명한 적분과정에 숙달되기 위하여 그 답을 이미 알

고 있는 경우를 예로 들어 풀어 보자. 밑변이 $x=12$, 높이가 $y=4$인 삼각형 〈그림 53〉의 면적을 구해 보자.

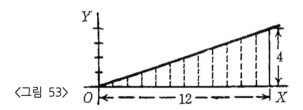

〈그림 53〉

이것의 넓이가 24가 되는 것은 쉽게 알 수 있다. 여기에서 기울기를 가진 이 직선의 식은

$$y = \frac{x}{3}$$

이다.

그리고 면적을 나타내는 적분식은 다음과 같다.

$$\int_{x=0}^{x=12} y \cdot dx = \int_{x=0}^{x=12} \frac{x}{3} \cdot dx$$

$\frac{x}{3} \cdot dx$를 적분한 후 일반적분의 값을 괄호 한에 써놓고 위아 아래에 각각 상한과 하한의 적분한계를 표시하면 다음과 같다.

$$면적 = [\frac{1}{3} \cdot \frac{1}{2} x^2 + C]_{x=0}^{x=12}$$

$$= [\frac{x^2}{6} + C]_{x=0}^{x=12}$$

$$= [\frac{12^2}{6} + C] - [\frac{0^2}{6} + C]$$

$$= \frac{144}{6}$$

$$= 24$$

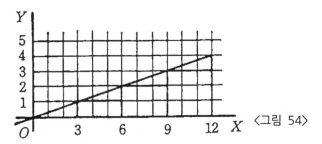

〈그림 54〉

여기서 보는 바와 같이 정적분을 푸는 과정에서 상합에서 하합을 뺄 때 적분상수 C는 언제나 없어진다.

이와 같은 놀랄만한 수학적 계산을 좀 더 실감나게 하기 위해서 간단한 예를 들어서 점검해 보자. 모눈그래프 용지 위에 $y = \dfrac{x}{3}$의 직선을 그려 x와 이에 대응하는 y값은 다음과 같다.

x	0	3	6	9	12
y	0	1	2	3	4

이 식은 〈그림 54〉에 그려져 있다.

이 직선 아래에 있는 작은 정사각형의 개수를 $x = 0$에서 $x = 12$까지 세어서 직선 아래 삼각형의 면적을 측정하라. 모두 18개의 완전한 작은 정사각형과 4개의 직각삼각형이 있는데, 이 직각삼각형 한 개의 면적은 완전한 작은 정사각형의 $1\dfrac{1}{2}$에 해당된다. 그러므로 4개의 직각삼각형은 모두 6개의 작은 정사각형의 넓이와 같으며, 결과적으로 총 24개의 정사각형이 된다.

그러므로 24는 하한 $x = 0$에서 상한 $x = 12$까지 $\dfrac{x}{3}dx$를 적분한 수치가 된다.

동일한 적분에서 적분 구간이 $x=3$에서 $x=15$일 때 적분 결과가 36이 됨을 풀어보라.

(2) 적분한계 $x=x_1, x=0$인 경우 다음 곡선의 면적을 구하라.

$$y = \frac{b}{x+a}$$

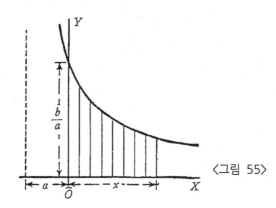

〈그림 55〉

면적 $= \displaystyle\int_{x=0}^{x=x_1} y \cdot dx = \int_{x=0}^{x=x_1} \frac{b}{x+a} dx$

$= b[\log_e (x+a) + C]_0^{x_1}$

$= b[\log_e (x_1+a) + C - \log_e (0+a) - C]$

$= b\log_e \dfrac{x_1+a}{a}$

이렇게 큰 것에서 작은 것을 빼는 과정은 아주 흔히 있는 일이다. 바깥 원의 반경이 r_2 안쪽 원의 반경이 r_1인 평면환상도형 〈그림 56〉의 넓이는 어떻게 구할까?

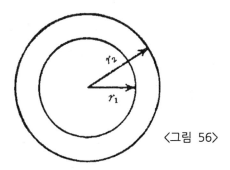

〈그림 56〉

지름이 r_2인 바깥 원의 면적은 πr_2^2인 바깥 원의 면적은 πr_2^2임은 잘 안다. 그러므로 바깥 원에서 안쪽 원을 **빼면** 우리가 구하는 환상도형의 넓이 $\pi(r_2^2 - r_1^2)$을 구할 수 있고, $\pi(r_2^2 - r_1^2)$은 다음과 같이 쓸 수 있다.

즉,

$$\pi(r_2^2 - r_1^2) = \pi(r_2 + r_1)(r_2 - r_1)$$

$$= 환상도형의\ 평균\ 원둘레 \times 환상도형의\ 폭$$

(3) 다음에는 단조 감소곡선(168페이지)의 경우를 하나 예로 들어 보자. $x = 0, x = a$인 적분한계 내에서 다음 식을 가지는 곡선〈그림 57〉의 면적을 구하라.

$$y = be^{-x}$$

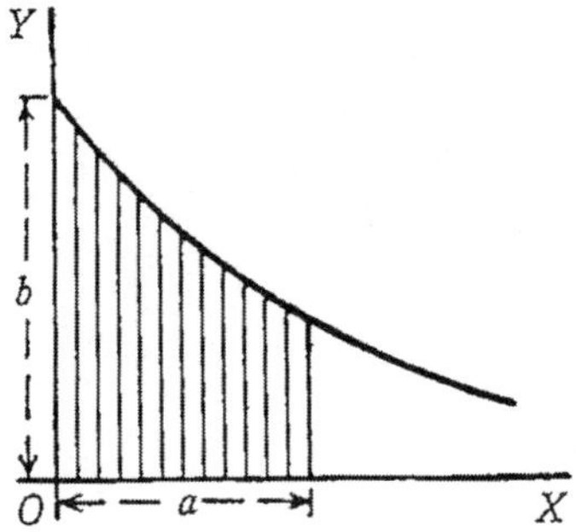

〈그림 57〉

$$면적 = b \int_{x=0}^{x=a} e^{-x} \cdot dx$$

이것을 적분하면

$$\begin{aligned} 면적 &= b[-e^{-x}]_0^a \\ &= b[-e^{-a} - (-e^{-0})] \\ &= b(1 - e^{-a}) \end{aligned}$$

(4) 이상 기체의 단열과정 곡선(adiabatic curve)의 문제를 다루어 보자. 이 곡선은 방정식은

$$pv^n = c$$

이며, 이 때 p는 압력, v는 부피, n는 기체의 mole 수 1.42이다.

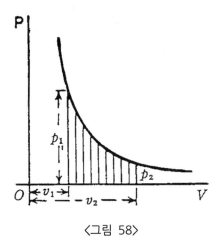

〈그림 58〉

갑자기 기체를 압축하여 부피가 v_2에서 v_1으로 변할 때 행하여진 일에 비례하는 곡선 아래 영역의 면적을 구하라.

이 때 구하려는 면적은

$$면적 = \int_{v=v_1}^{v=v_2} cv^{-n} \cdot dv$$

$$= c[\frac{1}{1-n}v^{1-n}]_{v_1}^{v_2}$$

$$= c\frac{1}{1-n}(v_2^{1-n} - v_1^{1-n})$$

$$= \frac{-c}{0.42}(\frac{1}{v_2^{0.42}} - \frac{1}{v_1^{0.42}})$$

반경이 R인 원의 넓이 A는 πR^2임을 증명하라.

나이테 모양의 폭이 dr되는 좁은 환상대가 중심으로부터 r만큼 의 거리가 있다고 생각해 보자〈그림 59〉. 원 전체는 이러한 나이 테 모양의 좁은 환상대들로 구성되어 있다고 생각할 수 있고, 전 체면적 A는 이러한 환상대들을 원의 중심으로부터 연변까지 즉, $r = 0$에서 $r = R$까지 모두 적분한 것에 불과하다.

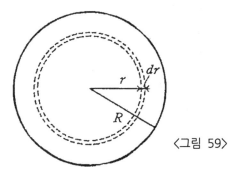

〈그림 59〉

그러므로 이 나이테 모양의 좁은 환상대의 면적 dA를 나타내 는 식을 찾아야 한다. 폭이 dr되며 반경이 r, 즉 원둘레가 $2\pi r$이 어서 이것이 즉, 길이가 되는 아주 좁은 직선 테이프 하나를 생각 해 보자. 이 테이프의 면적은

$$dA = 2\pi r dr$$

이 된다.

그러므로 원 전체의 면적은 다음과 같이 된다.

$$A = \int dA = \int_{r=0}^{r=R} 2\pi r \cdot dr = 2\pi \int_{r=0}^{r=R} r \cdot dr$$

$r \cdot dr$을 적분하면 $\dfrac{1}{2}r^2$이 되므로 그 결과는 다음과 같다.

$$A = 2\pi [\frac{1}{2}r^2]_{r=0}^{r=R}$$

$$A = 2\pi [\frac{1}{2}R^2 - \frac{1}{2}(0)^2]$$

$$A = \pi R^2$$

다음에는 곡선 $y = x - x^2$과 x축으로 싸인 도형⟨그림 60⟩에서 좌표의 평균값을 구하는 문제다.

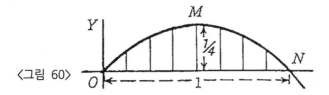

⟨그림 60⟩

도형 OMN의 면적을 구해야 하며, 다음 밑변의 길이 ON으로 나누어야 한다. 그러나 면적을 구하기 전에 적분 구간을 알 수 있도록 밑변의 길이를 정해야만 한다. 점 N에서 y의 값은 0이므로 이 곡선식을 보고 x의 값이 얼마일 때 $y=0$이 되는지를 알아야 한다. $x=0$일 때 $y=0$이 되며 이 때 곡선은 원점을 지난다. 또 $x=1$일 때 역시 $y=0$이 된다. 그러므로 $x=1$은 점 N의 위치가 된다.

그러면 구하려는 곡선 아래 면적은

$$= \int_{x=0}^{x=1} (x-x^2)dx = [\frac{1}{2}x^2 - \frac{1}{3}x^3]_0^1$$
$$= [\frac{1}{2} - \frac{1}{3}] - [0-0] = \frac{1}{6}$$

그리고 밑변의 길이는 1이므로 이 곡선의 y좌표의 평균값은 $\frac{1}{6}$ 이 된다.

이 문제에서 y의 극대값을 알기 위해 미분을 하여 극대 혹은 극소 값을 구하는 것은 아주 간단하다. 이 경우 극대값은 y의 평균값보다는 틀림없이 클 것이다.

어떤 곡선의 y의 평균 높이는 구간 $x=0, x=x_1$ 사이에서 다음 식으로 표시할 수 있다.

$$y의\ 평균\ 값\ = \ \frac{1}{x_1} \int_{x=0}^{x=x_1} y \cdot dx$$

원점으로부터 시작하지 않고, 원점에서 x_1만큼 떨어진 곳에서 시작되어 원점에서 x_2 만큼 떨어진 곳에서 끝나는 경우 즉 구간 $x=x_1$에서 $x=x_2$ 사이에서 y의 평균값은 다음과 같다.

$$y의\ 평균값 = \frac{1}{x_2 - x_1} \int_{x=x_1}^{x=x_2} y \cdot dx$$

극좌표에서의 면적

한 직선 OX 위에 고정점 0을 잡으면 평면 위의 한 임의의 점은 0에서 그 점까지의 거리 r과, 선분 r과 OX가 만드는 각 θ에 의하여 그 위치가 결정된다〈그림 61〉.

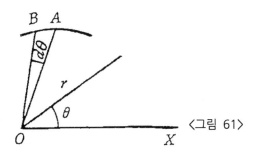

〈그림 61〉

이와 같이 r과 θ로 표시되는 이 값을 **극좌표**(polar coordinate)라 하며 그 점의 위치를 (r,θ)로 표시하고 r을 **동경벡터**(radius vector), θ를 **편각**(polar angle), OX를 **극좌표축**(polar axis), 원점 0을 극(pole)이라 한다.

어떤 도형의 영역을 나타내주는 방정식이 동경벡터 r과 편각 θ의 함수로 극좌표 상에 주어지면(극방정식이라 함) 앞에서 배운 곡선 아래 도형의 면적을 구하는 과정은 조금만 응용하면 쉽게 풀이된다. 전체 면적의 일부인 아주 좁은 테이프형의 작은 면적을 생각하는 대신에 극좌표의 경우에는 아주 작은 삼각형 OAB를 생각한다. 이 때 극 0에서 편각은 $d\theta$이며 전체 면적을 구성하고 있는 작은 삼각형들 모두의 합을 구하는 것이다.

작은 삼각형 한 개의 면적은 약

$$\frac{AB}{2}\times r \ \text{ 혹은 } \ \frac{rd\theta}{2}\times r$$

이 된다. 그러므로 극좌표의 한 곡선과 θ_1 및 θ_2에 대한 r에 의하여 둘러싸인 도형의 면적은

$$\frac{1}{2}\int_{\theta=\theta_1}^{\theta=\theta_2} r^2 d\theta$$

로 표시된다.

(예제)

(1) 반경이 a인 원에서 호의 길이가 1라디안 되는 영역의 면적을 구하라.

구하고자 하는 영역의 호 길이의 극방정식은 $r = a$가 분명하다. 그러므로 면적은 다음과 같다.

$$\frac{1}{2}\int_{\theta=0}^{\theta=1} a^2 d\theta = \frac{a^2}{2}\int_{\theta=0}^{\theta=1} d\theta = \frac{a^2}{2}$$

(2) 다음 극방정식으로 표시되는 곡선("Pascal의 나선"이라고도 함)에서 제 1 상한의 면적을 구하라.

$$r = a(1 + \cos\theta)$$

$$면적 = \frac{1}{2}\int_{\theta=0}^{\theta=\frac{\pi}{2}} a^2(1+\cos\theta)^2 d\theta$$

$$= \frac{a^2}{2}\int_{\theta=0}^{\theta=\frac{\pi}{2}} (1 + 2\cos\theta + \cos^2\theta) d\theta$$

$$= \frac{a^2}{2}[\theta + 2\sin\theta + \frac{\theta}{2} + \frac{\sin 2\theta}{4}]_0^{\frac{\pi}{2}}$$

$$= \frac{a^2(3\pi + 8)}{8} \quad \text{(215페이지 참조)}$$

적분에 의한 부피의 계산

표면적을 계산할 때 작은 면적소의 면적으로부터 계산한 것과 같이 부피의 계산은 얇게 분할된 평판조각인 체적소(element of volume)의 부피로부터 계산할 수 있다. 전체 부피를 이루고 있는 얇은 평판 조각들의 부피를 모두 합하여 주어진 물체의 부피를 계산한다.

(예제)

(1) 반경이 r인 구체의 부피를 구하라.

이 구체의 체적소인 얇은 구형 껍질의 부피는 $4\pi r^2 dx$이며(그림 59 참조), 모든 구형 껍질들을 합하면

$$구체의\ 부피 = \int_{x=0}^{x=r} 4\pi x^2 dx = 4\pi \left[\frac{x^3}{3}\right]_0^r = \frac{4}{3}\pi r^3$$

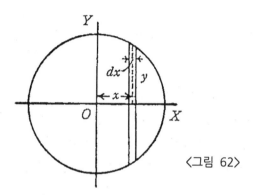

〈그림 62〉

이 된다.

아울러 이 구체를 그 두께가 dx되는 체적소인 얇은 원형 평판으로 분할하여 계산하면 이 구체의 총부피는 $\pi y^2 dx$가 된다〈그림 62 참조〉. 또한 x와 y의 관계는 다음 식과 같다.

$$y^2 = r^2 - x^2$$

그러므로

$$구체의\ 부피 = 2\int_{x=0}^{x=r} \pi(r^2 - x^2)dx$$

$$= 2\pi\left[\int_{x=0}^{x=r} r^2 dx - \int_{x=0}^{x=r} x^2 dx\right]$$

$$= 2\pi\left[r^2 x - \frac{x^3}{3}\right]_0^r = \frac{4\pi}{3}r^3$$

(2) 구간 $x=0$에서부터 $x=4$까지 사이에서 곡선 $y^2=6x$가 x축을 회전축으로 하여 회전할 때 생기는 회전체의 부피를 구하라.

이 때 얇은 평판의 부피는 $\pi y^2 dx$가 된다.

그러므로

$$\text{회전체의 부피} = \int_{x=0}^{x=4} \pi y^2 dx = 6\pi \int_{x=0}^{x=4} x dx$$

$$= 6\pi[\frac{x^2}{2}]_0^4 = 48\pi = 150.8$$

이차평균 혹은 제곱평균의 제곱근

물리학의 어떤 분야 특히 분자의 운동속도나 전류의 연구에서 변량의 **이차평균**(quadriatic mean)을 계산하는 것은 대단히 중요하다. 이차평균이란 주어진 구간 내에서 모든 변량의 제곱값의 평균을 구하여 이것의 제곱근을 구한 것이다. 어떤 변량의 이차평균은 한편으로 실제값(vertual value) 혹은 **제곱평균의 제곱근**(R.M.S: root-mean-square의 약자)이라고도 부른다. 프랑스어로는 실효치(valeuer efficace)라는 용어다. 주어진 함수가 y라면 이차평균은 정해진 구간 $x=0, x=l$ 사이에서 구해진다. 그리고 이차평균은 다음과 같이 표시된다.

$$\sqrt[2]{\frac{1}{l}\int_0^l y^2 dx}$$

(예제)

(1) 함수 $y=ax$ 〈그림 63〉의 이차평균을 구하라.

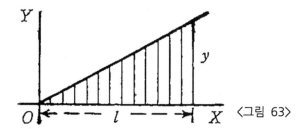

〈그림 63〉

여기에서 적분은 다음과 같다.

$$\int_0^l a^2 x^2 dx = \frac{1}{3}a^2 l^3$$

l로 나눈 후 제곱근을 구하면

$$\text{이차평균} = \frac{1}{\sqrt{3}}al$$

이 함수의 산술평균은 $\frac{1}{2}al$이며, 산술 평균에 대한 이차 평균의 비(이 비를 파형율, form factor라고 부른다)는

$$\frac{2}{\sqrt{3}} = \frac{2\sqrt{3}}{3} = 1.155$$

가 된다.

(2) 함수 $y = x^a$의 이차평균을 구하라.

적분은 다음과 같다.

$$\int_{x=0}^{x=l} x^{2a}\, dx = \frac{l^{2a+1}}{2a+1}$$

$$\text{이차평균} = \sqrt[2]{\frac{l^{2a}}{2a+1}}$$

(3) 함수 $y = a^{\frac{x}{2}}$ 의 이차평균을 구하라.

적분은 다음과 같다.

$$\int_{x=0}^{x=l} (a^{\frac{x}{2}})^2 dx = \int_{x=0}^{x=l} a^x dx$$

$$= [\frac{a^x}{\log_e a}]_{x=0}^{x=l}$$

$$= \frac{a^l - 1}{\log_e a}$$

$$\text{이차평균} = \sqrt[2]{\frac{a^l - 1}{l \log_e a}}$$

◈ 연습문제 18 ◈ (해답 p.321)

(1) 구간 $x = 0, x = 6$에서 곡선 $y = x^2 + x - 5$의 면적을 구하라. 이 구간에서 y의 평균을 구하라.

(2) 구간 $x = 0, x = a$에서 포물선 $y = 2a\sqrt{x}$의 면적을 구하라.

(3) sin곡선의 1주기 구간에서 양의 영역의 면적을 구하라. 또 y의 평균을 구하라.

(4) $y = \sin^2 x$곡선의 구간 $0° \sim 180°$ 사이에서 영역의 면적과 y의 평균값을 구하라.

(5) 구간 $x = 0, x = 1$ 사이에서 두 갈래가 난 곡선 $y = x^2 \pm x^{\frac{5}{2}}$ (119페이지, 〈그림 30〉)에서 두 곡선에 둘러싸인 영역의 면적을 구하라. 그리고 두 곡선 중 아래 곡선과 x축으로 둘러싸인 양(+)의 영역의 면적을 구하라.

(6) 밑변의 반지름이 r, 높이가 h인 원뿔의 부피를 구하라.

(7) 구간 $x = 0, x = 1$ 사이에서 곡선 $y = x^3 - \log_e x$의 면적을 구하라.

(8) 곡선 $y = \sqrt{1 + x^2}$가 x축을 회전축으로 하여 회전할 때 구간 $x = 0, x = 4$ 사이에서의 부피를 구하라.

(9) 구간 $x = 0, x = \pi$에서 x축을 회전축으로 하여 회전하는 sine 곡선에 의하여 생기는 도형의 부피를 구하라.

(10) 구간 $x = 1, x = a$에 포함되는 직선 $xy = a$의 아래 면적을 구하라. 이 구간에서 y의 평균을 구하라.

(11) 구간 $0, \pi$ 라디안에서 함수 $y = \sin x$의 이차평균이 $\dfrac{\sqrt{2}}{2}$임을 보여라. 이 구간에서 이 함수의 산술 평균을 구하여 파형률

239

이 1.11임을 보여라.

(12) 구간 $x = 0, x = 3$에서 함수 $x^3 + 3x + 2$의 산술평균과 이차 평균을 구하라.

(13) 함수 $y = A_1 \sin x + A_3 \sin 3x$의 이차평균과 산술평균을 구하라.

(14) 어떤 곡선의 방정식이 $y = 3.42 e^{0.21x}$이다. 구간 $x = 2, x = 8$에서 이 곡선과 x축에 둘러싸인 도형의 면적을 구하라. 이 구간 내에서 y의 평균 높이를 구하라.

(15) 극방정식이 $r = a(1 - \cos\theta)$인 곡선은 심장형 장미엽도형(cardioid)이다. 구간 $\theta = 0$ 라디안, $\theta = 2\pi$ 라디안 사이에서 축과 이 곡선으로 둘러싸인 도형의 면적은 반경이 a인 원의 면적의 1.5배가 됨을 보여라.

(16) 곡선 $y = \pm \dfrac{x}{6} \sqrt{x(10-x)}$가 x축을 중심으로 회전할 때 만들어지는 도형의 부피를 구하라.

20

교묘한 방법, 함정 그리고
문제풀이 - 승리

교묘한 방법

적분공식을 직접적으로 이용하여 계산할 수 없는 적분들이 많다. 이러한 적분 중에는 그 적분의 형태를 적분될 수 있는 어떤 적당한 형태로 변형시킨 다음 쉽게 계산할 수 있다. 그러므로 적분학 책들은 이렇게 변형시키기 위한 방법과 기술들을 대단히 많이 다루고 있다. 다음은 적분의 형태를 변형시키는 몇 개의 기본 방법들이다(이들은 또한 간단한 미분방정식들의 풀이를 위한 기초 작업이 된다).

부분적분법(Integration by parts)

두 함수의 곱을 적분할 때 직접 적분하면 그다지 쉽지 않다. 부분적분법(integration by parts)은 다음과 같은 공식으로 표시된다.

$$\int u dx = ux - \int x du + C$$

직접 적분이 되지 않을 때에 쓰이는 방법인데 $\int x du$를 구할 수 있으면 $\int u dx$ 역시 구할 수 있다. 이 공식은 45페이지의 미분과정에서 배운 다음의 미분법으로부터 유도된 것이다.

$$d(ux) = udx + xdu$$

이것은 바꾸어 쓰면

$$udx = d(ux) - xdu$$

양변을 적분하면

$$\int udx = ux - \int xdu$$

가 된다.

(예제)

(1) $\int w \cdot \sin w \cdot dw$를 구하여라.

$$u = w,\ dx = \sin w \cdot dw$$

로 놓으면

$$du = dw,\ x = \int \sin w \cdot dw = -\cos w$$

이 된다.

이것들을 부분적분공식에 대입하면

$$\int w \cdot \sin w \cdot dw = w(-\cos w) - \int -\cos w dw$$

$$= -w\cos w + \sin w + C$$

가 된다.

(2) $\int xe^x dx$를 구하라.

$$u = x,\ dv = e^x dx \text{로 놓으면}$$

$$du = dx,\ v = e^x$$

$$\int xe^x dx = xe^x - \int e^x dx$$

$$= xe^x - e^x + C$$
$$= e^x (x - 1) + C$$

가 된다.

(3) $\displaystyle\int \cos^2\theta d\theta$를 구하여라.

$u = \cos\theta,\ dx = \cos\theta\, d\theta$
$du = -\sin\theta\, d\theta,\ x = \sin\theta,$

$$\int \cos^2\theta d\theta = \cos\theta\sin\theta + \int \sin^2\theta d\theta$$

$$= \frac{2\cos\theta\sin\theta}{2} + \int (1 - \cos^2\theta)d\theta$$

$$= \frac{\sin2\theta}{2} + \int d\theta - \int \cos^2\theta d\theta$$

$$2\int \cos^2\theta d\theta = \frac{\sin2\theta}{2} + \theta$$

$$\int \cos^2 d\theta = \frac{\sin2\theta}{4} + \frac{\theta}{2} + C$$

(4) $\displaystyle\int x^2\sin x\, dx$를 구하여라.

$u = x^2 \quad dv = \sin x\, dx$
$du = 2x dx \quad v = -\cos x$

$$\int x^2\sin x\, dx = -x^2\cos x + 2\int x\cos x\, dx$$

$\displaystyle\int x\cos x\, dx$를 부분적분으로 구하면(위의 예제 (1) 참조)

$$\int x\cos x\, dx = x\sin x + \cos x + C$$

$$\therefore \int x^2\sin x\, dx = -x^2\cos x + 2x\sin x + 2\cos x + C'$$

$$= (2 - x^2)\cos x + 2x\sin x + C'$$

(5) $\int \sqrt{1-x^2}\,dx$를 구하라.

$$u = \sqrt{1-x^2},\ dx = dv$$
$$du = -\frac{xdx}{\sqrt{1-x^2}}$$

(제9장 80페이지 참조)

$$x = v$$

$$\therefore \int \sqrt{1-x^2}\,dx = x\sqrt{1-x^2} + \int \frac{x^2 dx}{\sqrt{1-x^2}}$$

여기에서 또 다른 방법을 써야 한다.

$$\int \sqrt{1-x^2}\,dx = \int \frac{(1-x^2)dx}{\sqrt{1-x^2}}$$

$$= \int \frac{dx}{\sqrt{1-x^2}} - \int \frac{x^2 dx}{\sqrt{1-x^2}}$$

$\int \dfrac{x^2 dx}{\sqrt{1-x^2}}$ 를 소거하기 위하여 위의 두 식을 더하면

$$2\int \sqrt{1-x^2}\,dx = x\sqrt{1-x^2} + \int \frac{dx}{\sqrt{1-x^2}}$$

$\dfrac{dx}{\sqrt{1-x^2}}$ 은 제15장에서 배운 바와 같이 $y = \arcsin x$ (183페이지)의 미분 결과이다.

즉

$$\int \sqrt{1-x^2}\,dx = \frac{x\sqrt{1-x^2}}{2} + \frac{1}{2}\arcsin x + C$$

치환적분법(Integration by substitution)

이 방법은 제9장 80페이지에서 설명한 것과 비슷한 방법이다. 그 미분방법을 적분에 응용해 보자.

(예제)

(1) $\displaystyle\int \sqrt{3+x}\,dx$를 구하여라.

$u=3+x$라 놓으면

$du=dx$

$$\therefore \int \sqrt{3+x}\,dx = \int u^{\frac{1}{2}}\,du$$

$$= \frac{2}{3}u^{\frac{3}{2}}$$

$$= \frac{2}{3}(3+x)^{\frac{3}{2}}$$

(2) $\displaystyle\int \frac{dx}{e^x+e^{-x}}$를 구하여라.

$u=e^x$라 놓으면

$$\frac{du}{dx}=e^x,\, dx=\frac{du}{e^x}$$

$$\therefore \int \frac{dx}{e^x+e^{-x}} = \int \frac{du}{e^x(e^x+e^{-x})}$$

$$= \int \frac{du}{u(u+\frac{1}{u})}$$

$$= \int \frac{du}{u^2+1}$$

$\dfrac{du}{u^2+1}$ 는 $\arctan u$ 의 미분 결과이다.

$$\therefore \int \frac{dx}{e^x+e^{-x}} = \arctan e^x$$

(3) $\displaystyle\int \frac{dx}{x^2+2x+3}$ 을 구하여라.

$$\int \frac{dx}{x^2+2x+3} = \int \frac{dx}{x^2+2x+1+2} = \int \frac{dx}{(x+1)^2+(\sqrt{2})^2}$$

$u = x+1$ 으로 놓으면

$du = dx$

$$\therefore \int \frac{dx}{x^2+2x+3} = \frac{du}{u^2+(\sqrt{2})^2}$$

$\dfrac{du}{u^2+a^2}$ 는 $\dfrac{1}{a}\arctan\dfrac{u}{a}$ 의 미분결과이다.

$$\therefore \int \frac{1}{x^2+2x+3} = \frac{1}{\sqrt{2}} \arctan \frac{x+1}{\sqrt{2}}$$

점화식(Reduction formula)

점화식(reduction formula)은 주로 이항 전개식과 삼각함수를 적분할 때 적분결과가 이미 알려진 형태로 변형시키는데 이용되는 특수한 형태이다.

유리분수화(Rationalization)와 분모의 인수분해(Factorization of denominator)

이런 방법들은 특수한 경우에 이용되는데 이것들은 그렇게 간

246

단하거나 일반적으로 설명될 수 있는 것이 아니다. 많은 연습을 하여 이와 같은 적분을 위한 기초 방법들에 익숙해져야 한다.

제13장 133페이지에서 배운 부분 분수로 분할하는 방법이 적분에 이용되는 예를 보자.

앞의 예에서 푼 것과 매우 비슷한

$\int \dfrac{dx}{x^2+2x-3}$ 를 다시 구해 보자.

$\dfrac{1}{x^2+2x-3}$ 을 부분분수로 고치면

$$\dfrac{1}{x^2+2x-3}=\dfrac{1}{4}\Big[\dfrac{1}{(x-1)}-\dfrac{1}{(x+3)}\Big]$$

$$\therefore \int \dfrac{dx}{x^2+2x-3}=\dfrac{1}{4}\Big[\int \dfrac{dx}{x-1}-\int \dfrac{dx}{x+3}\Big]$$

$$=\dfrac{1}{4}\big[\log_e (x-1)-\log_e (x+3)\big]$$

$$=\dfrac{1}{4}\log_e \dfrac{x-1}{x+3}$$

이와 같이, 똑같은 형태의 적분 결과가 여러 가지 형태로 나타나는 것은 흔히 있는 일이다. 그러나 그 결과는 동일한 것이다.

함정

숙달된 사람들은 쉽게 피하는 함정들에 초심자들은 흔히 빠지고 만다. 0이나 혹은 무한에 상당하는 인자들을 사용한다든가 $\dfrac{0}{0}$ 과 같은 불확정 된 양들이 나타날 때 흔히 그렇게 된다. 이러한 함정들의 모두를 피할 수 있는 만능의 법칙은 없다. 오직 계속적인 연습을 통한 숙달과 이해력 있게 문제들을 푸는 길만이 있

을 뿐이다. 이러한 함정의 한 예로서 212-213페이지에 있는 제 18장에서 $x^{-1}dx$를 적분하는 문제에 당면했을 때 이미 그러한 함정을 경험한 것이다.

승리

미적분은 미적분이 아니고는 찾아낼 수 없는 문제들의 해답을 구하는데 응용되어 왔다는 빛나는 역사를 우리는 알아야 한다. 물리학적인 현상을 생각해 보면 어떠한 현상을 지배하고 있는 어떤 부분적인 요소들의 작용이나 혹은 힘의 작용을 조절하고 있는 물리적인 법칙을 설명할 수 있는 수식을 만들 수 있으며, 이러한 수식은 언제나 미분계수들과 아울러 간혹 다른 대수식들을 포함하고 있는 **미분방정식**(differential equation)의 형태로 되어 있다. 어떤 현상을 설명하는 미분방정식이 구해지면 그것이 적분될 때까지는 우리는 더 이상 아무런 일도 할 수 없다. 그러나 어떤 미분방정식을 적분하여 푸는 것보다는 타당한 그 미분방정식 자체만을 언급하는 것이 일반적으로 훨씬 더 쉽다. 어떤 미분방정식을 적분하려 할 때에만 어려운 문제가 생긴다. 그러나 적분이 이미 알려져 있는 어떤 표준적인 형태의 미분계수를 가지고 있을 때에는 풀이는 쉽다. 미분방정식을 적분한 결과 얻어진 식을 그 미분방정식의 해(solution)[8]이라 부른다. 그리고 해는 그것이 적분되어 나온 미분방정식과는 아무 관계가 없는 것처럼 보이는 경우가 많다.

---

8) *풀이의 실제결과를 「해」라 부른다. 그러나 Forsyth(Andrew Russell Forsyth 1858-1942, 스코틀랜드의 수학자)교수를 포함한 많은 수학자들은 다음과 같이 말한다.
"모든 미분방정식은 풀이되는 것으로 간주되는데, 이 때 이 미분방정식은 종속변수의 값이 이미 알려져 있는 함수들에 의한 독립 변수의 함수로 표시되는 경우이거나 혹은 어떤 적분법이 이미 알려진 함수로 표시될 수도 있고 안 될 수도 있는 그러한 적분들에 의한 독립 변수의 함수로 표시된다."

흡사 나비가 그것의 애벌레와는 전혀 다르게 보이듯이 흔히 미분방정식의 해는 본래의 미분방정식과는 전혀 다르게 보인다. 예를 들면

$$\frac{dy}{dx} = \frac{1}{a^2 - x^2}$$

과 같이 단순한 미분 방정식이

$$y = \frac{1}{2a} log_e \frac{a+x}{a-x} + C$$

와 같이 복잡한 「해」로 풀이될지를 누가 상상이나 할까?

마지막으로 위의 예를 풀어 해를 구해 보자.

부분 분수법에 의하여

$$\frac{1}{a^2 - x^2} = \frac{1}{2a(a+x)} + \frac{1}{2a(a-x)}$$

$$\frac{dy}{dx} = \frac{1}{a^2 - x^2}$$

$$dy = \frac{dx}{2a(a+x)} + \frac{dx}{2a(a+x)}$$

$$y = \frac{1}{2a} \left(\int \frac{dx}{a+x} + \int \frac{dx}{a-x} \right)$$

$$= \frac{1}{2a} (\log_e (a+x) - \log_e (a-x))$$

$$= \frac{1}{2a} log_e \frac{a+x}{a-x} + C$$

이것은 그다지 어렵게 변형된 것은 아니다.

George Bool이 지은 「미분방정식」(Differential Equation)과 같은 책들은 여러 형태의 미분방정식들로부터 「미분방정식의 해」를 구하는 주제들을 다루고 있는 내용으로 되어 있다.

※다음 적분을 구하라.

(1) $\displaystyle\int \sqrt{a^2-x^2}\,dx$

(2) $\displaystyle\int x\log_e x\,dx$

(3) $\displaystyle\int x^a \log_e x\,dx$

(4) $\displaystyle\int e^x \cos e^x\,dx$

(5) $\displaystyle\int \frac{1}{x}\cos(\log_e x)\,dx$

(6) $\displaystyle\int x^2 e^x\,dx$

(7) $\displaystyle\int \frac{(\log_e x)^a}{x}\,dx$

(8) $\displaystyle\int \frac{dx}{x\log_e x}$

(9) $\displaystyle\int \frac{5x+1}{x^2+x-2}\,dx$

(10) $\displaystyle\int \frac{(x^2-3)\,dx}{x^3-7x+6}$

(11) $\displaystyle\int \frac{b\,dx}{x^2-a^2}$

(12) $\displaystyle\int \frac{4x\,dx}{x^4-1}$

(13) $\displaystyle\int \frac{dx}{1-x^4}$

(14) $\displaystyle\int \frac{x\,dx}{\sqrt{a^2-b^2x^2}}$

(15) 치환 $\dfrac{1}{x}=\dfrac{b}{a}\cosh u$를 이용하여

$$\int \frac{dx}{x\sqrt{a^2-b^2x^2}}=\frac{1}{a}\log_e\frac{a-\sqrt{a^2-b^2x^2}}{x}+C$$

임을 풀어라.

21

미분방정식의 풀이

　이 장에서는 앞 장에서 배운 방법들을 이용하여 중요한 미분방정식들의 해를 구하여 보자.

　적분 방법들이 쉽다는 것을 알고 있는 여러분들은 적분은 하나의 예술이라는 것을 실감하기 시작할 것이다. 그러나 모든 예술이 그러하듯이 부지런하고 규칙적인 연습에 의해서만 그것에 능숙해질 수 있으며 일단 능숙해진 사람도 정규적인 미적분학 책들에 많이 수록되어 있는 연습문제들을 가능하면 많이 계속하여 풀지 않으면 안 된다. 이 장에서 의도하는 바는 어려운 미분방정식들에 대한 초보적인 입문으로서 기본적인 몇 개의 미분방정식들을 풀어 보는 것이다.

（예제）

(1) 다음 미분방정식을 풀어라.

$$ay + b\frac{dy}{dx} = 0$$

　바꾸어 쓰면

$$b\frac{dy}{dx} = -ay$$

　이 미분방정식을 자세히 살펴보면

$\dfrac{dy}{dx}$가 y에 비례하는 것을 알 수 있다. x의 함수인 y를 나타내는 곡선을 생각해 보면 임의의 점에서 이 곡선의 기울기는 그 점에서의 y의 값에 비례하고, 아울러 y의 값이 (+)일 때 곡선의 기울기가 (−)가 될 것이다. 그러므로 이 곡선은 단조 감소곡선(168페이지)이 틀림없으며, 이 곡선의 해는 e^{-x}를 인자로 가지고 있을 것이다.

이 미분방정식은 독립변수인 y와 dy가 양변에 각각 분리되어 있기 때문에 y와 dy 모두가 어느 한 변에 놓이고 또 독립변수인 dx가 다른 한 변에 놓이도록 하지 않으면 적분을 할 수 없다. 이렇게 하기 위하여 항시 같이 붙어 다니는 dy와 dx를 서로 분리시켜야 한다(이것을 **변수 분리**라 한다).

$$b\frac{dy}{dx}=-ay$$

$$\frac{dy}{y}=-\frac{a}{b}dx$$

이렇게 변수를 분리시켜 놓으면 양변은 각기 적분될 수 있는 형태가 되었음을 알 수 있다. 왜냐하면 $\dfrac{dy}{y}$ 혹은 $\dfrac{1}{y}dy$는 로그함수를 미분할 때(168페이지) 배운 미분계수이기 때문이다. 그러므로 이것들을 적분하라는 지시를 바로 할 수 있다.

$$\int \frac{dy}{y}=\int -\frac{a}{b}dx$$

양변을 각각 적분하면

$$\log_e y =-\frac{a}{b}x+\log_e C$$

가 되면, 여기에서 $\log_e C$는 미지의 적분상수[9]다.

그리고 이것을 지수의 형태로 바꾸면 다음과 같고, 이것이 바로 우리가 구하는 미분방정식의 해가 된다.

$$y = Ce^{-\frac{a}{b}x}$$

이 해는 이 해가 풀어져 나온 본래의 미분방정식과는 판이하게 다르다.

그러나 수학 전문가들에게 이 둘 모두가 y는 x의 함수라는 사실에 대한 동일한 의미를 가지고 있는 것이다.

그러면 적분상수 C에 대하여 알아보면 이것은 y의 **최초값(초기조건)**에 의하여 결정된다. $x=0$을 넣어 최초의 y의 값이 얼마인가를 알아보면

$$y = Ce^{-\frac{a}{b}\times 0}$$
$$= Ce^{-0} = C\times 1$$
$$\therefore y = C$$

그러므로 C는 최초의 ($x=0$일 때) y의 값[10)]에 불과하다. 이 y의 최초값을 y_0이라고 하면 해는 다음과 같다.

$$y = y_0 e^{-\frac{a}{b}x}$$

(2) 다음 미분방정식을 풀어라.

$$ay + b\frac{dy}{dx} = g$$

---

9) 적분상수는 미지의 값이기 때문에 어떠한 형태로든지 쓸 수 있다. 여기에서 적분상수로 쓴 $\log_e C$는 다루기 편리하기 때문에 택한 것이다. 왜냐하면 이 미분방정식의 다른 항들은 모두 로그함수로 표시되어 있기 때문에 같은 형태의 적분상수가 더해지면 나중에 복잡해지지 않기 때문이다.

10) 적분상수라는 것을 201페이지의 〈그림 48〉과 204페이지의 〈그림 51〉을 참고하여 비교해 보자.

이 때 g는 하나의 상수다. 이 미분방정식을 자세히 살펴보면 다음과 같은 두 가지 사실을 알 수 있다. 1) 이 곡선의 해는 어떠한 형태로든지 e^x인자를 가지고 있을 것이다. 2) 이 곡선 상 어느 점에서 y는 극대 아니면 극소가 되는데, 즉 $\dfrac{dy}{dx}=0$일 때 y의 값은 $\dfrac{g}{a}$가 될 것이다. 이러한 점을 염두에 두고 앞의 문제와 같이 풀어 보자. 우선 변수들을 분리시켜 적분이 될 수 있는 형태로 모양을 바꾸면

$$ay+b\frac{dy}{dx}=g$$
$$b\frac{dy}{dx}=g-ay$$
$$\frac{dy}{dx}=\frac{a}{b}\left(\frac{g}{a}-y\right)$$
$$\frac{dy}{y-\dfrac{g}{a}}=-\frac{a}{b}dx$$

이렇게 한 것은 y과 dy가 한 변에 놓이고 dx는 다른 한 변에 놓이도록 변수를 양 변에 분리시켜 놓은 것에 불과하다.

그러면 좌변의 항은 미분되어 지는가를 보자.

이것은 159페이지에서 배운 것들과 비슷하다.

그러므로 적분하라는 지시를 할 수 있으며

$$\int \frac{dy}{y-\dfrac{g}{a}}=-\int \frac{a}{b}dx$$

가 되며, 이것을 적분하고 적당한 적분상수를 더해주면

$$\log_e \left(y - \frac{g}{a} \right) = -\frac{a}{b}x + \log_e C$$

$$y - \frac{g}{a} = Ce^{-\frac{a}{b}x}, \; y = \frac{g}{a} + Ce^{-\frac{a}{b}x}$$

여기에서 초기 조건 $x = 0$일 때 $y = 0$을 넣어주면 적분상수 C를 구할 수 있다. 즉

$$0 = \frac{g}{a} + Ce^{-\frac{a}{b} \times 0}$$

$$0 = \frac{g}{a} + C$$

$$\therefore C = -\frac{g}{a}$$

이 값을 대입하면 해는 다음과 같다.

$$y = \frac{g}{a}\left(1 - e^{-\frac{a}{b}x} \right)$$

이것을 좀 더 풀어보자. 만약 x가 무한대로 커지면 y는 극대가 될 것이다. 즉

x가 무한이면

$$e^{-\frac{a}{b}x} = 0$$

이 때 극대값

$$y_{max} = \frac{g}{a}$$

가 된다.

$\frac{g}{a}$를 y_{max}로 대치시키면

$$y = y_{max}\left(1 - e^{-\frac{a}{b}x} \right)$$

이것 역시 물리학에서 매우 중요하게 쓰이는 수식이다(예; 인력

255

턴스와 저항을 포함하고 있는 회로에서의 전류의 증가법칙, 즉 Kirchhoff의 법칙).

다음 예제를 풀기 전에 물리학과 공학에서 대단히 중요하게 쓰이는 두 개의 적분에 대하여 검토하는 것이 필요하다. 이들 중 한 개의 적분을 풀어보면 그 해의 일부분이 다른 한 개의 적분과 같은 모양으로 되어 있기 때문이다.

그리고 이러한 이유 때문에 그들의 해를 구할 수 있기도 하다. 이 두 적분을 각각 S와 C로 표시하자. 이 두 적분은

$$S = \int e^{pt} \sin kt\, dt$$

$$C = \int e^{pt} \cos kt\, dt$$

인데 p와 k는 상수들이다. 만만하게 보이지 않는 이들 적분을 풀기 위해서 부분적분법(241페이지)을 사용해야 한다.

$$\int u\, dv = uv - \int v\, du$$

위의 두 적분을 풀기 위하여 적분 S의 경우

$$u = e^{pt}, \, dv = \sin kt\, dt$$

로 놓으면

$$du = pe^{pt}$$

$$v = \int \sin kt\, dt = -\frac{1}{k} \cos kt$$

이 결과를 본 식 S에 넣어 부분적분을 하면

$$S = \int e^{pt} \sin kt\, dt$$

$$= -\frac{1}{k} e^{pt} \cos kt - \int -\frac{1}{k} \cos kt \cdot pe^{pt}\, dt$$

$$= -\frac{1}{k} e^{pt} \cos kt + \frac{p}{k} \int e^{pt} \cos kt\, dt$$

$$=-\frac{1}{k}e^{pt}\cos kt + \frac{p}{k}C \dotfill (i)$$

그러므로 S를 부분적분으로 풀면 그 해의 일부분이 C로 되어 있게 된다.

똑같은 방법으로 적분 C를 풀어 보자.

$$u = e^{pt}, dv = \cos kt\, dt$$

로 놓으면

$$du = pe^{pt}$$

$$v = \frac{1}{k}\sin kt$$

이어서 부분적분으로 풀면

$$C= \int e^{pt}\cos kt\, dt$$

$$=\frac{1}{k}e^{pt}\sin kt - \frac{p}{k}\int e^{pt}\sin kt \cdot dt$$

$$=\frac{1}{k}e^{pt}\sin kt - \frac{p}{k}S \dotfill (ii)$$

C의 해는 일부분이 S로 되어 있으며 S의 해는 일부분이 C로 되어 있는 사실은 이들 두 적분들이 풀기 어려운 것이라는 생각을 들게 할 수도 있다. 그러나 (i)과 (ii)의 관계로부터 이 두 적분은 그들 자체로서 어느 정도는 이미 풀이가 되어 있는 것이다.

그러므로 (ii)의 C의 값을 (i)에 대입하면

$$S= \int e^{pt}\sin kt\, dt$$

$$=-\frac{1}{k}e^{pt}\cos kt + \frac{p}{k}(\frac{1}{k}e^{pt}\sin kt - \frac{p}{k}S)$$

$$S= (\frac{p^2}{k^2}+1) = \frac{1}{k^2}e^{pt}(p\sin kt - k\cos kt)$$

$$S = \frac{e^{pt}}{p^2 + k^2}(p \sin kt - k \cos kt)$$

이번에는 (i)의 S값을 (ii)에 대입하여 같은 방법으로 풀면

$$C = \frac{e^{pt}}{p^2 + k^2}(p \cos kt - k \sin kt)$$

그러므로 적분표에 다음의 대단히 중요한 두 개의 적분을 추가하게 된다.

$$\int e^{pt} \sin kt \, dt = \frac{e^{pt}}{p^2 + k^2}(p \sin kt - k \cos kt) + E$$

$$\int e^{pt} \cos kt \, dt = \frac{e^{pt}}{p^2 + k^2}(p \cos kt + k \sin kt) + F$$

이 때 E와 F는 각각 적분상수들이다.

(3) $ay + b\dfrac{dy}{dt} = g \sin 2\pi nt$

우선 b로 나누면

$$\frac{dy}{dt} + \frac{a}{b}y = \frac{g}{b} sin \, 2\pi nt$$

이 형태로는 좌변의 항들이 적분되지 않는다. 그러나 묘한 방법을 쓰면 적분이 될 수 있는데 그것은 모든 항에

$$e^{\frac{a}{b}t}$$

를 곱해 주는 것이다. 그러면

$$\frac{dy}{dt}e^{\frac{a}{b}t} + \frac{a}{b}ye^{\frac{a}{b}t} = \frac{g}{b}e^{\frac{a}{b}t}\sin 2\pi nt$$

만약

$$u = y e^{\frac{a}{b}t}$$

로 놓으면

$$\frac{du}{dt} = \frac{dy}{dt} e^{\frac{a}{b}t} + \frac{a}{b} y e^{\frac{a}{b}t}$$

그러므로 본래의 식은

$$\frac{du}{dt} = \frac{g}{b} e^{\frac{a}{b}t} \sin 2\pi nt$$

이것을 적분하면

$$u \text{ 혹은 } y e^{\frac{a}{b}t} = \frac{g}{b} \int e^{\frac{a}{b}t} \sin 2\pi nt \, dt + K$$

그러나 이 식의 우변 항은 앞에서 다룬 S의 형태와 같다. 그러므로

$$p = \frac{a}{b}, \; k = 2\pi n$$

로 놓으면

$$y e^{\frac{a}{b}t} = \frac{g e^{\frac{a}{b}t}}{a^2 + 4\pi^2 n^2 b^2} (a \sin 2\pi nt - 2\pi nb \cos 2\pi nt) + K$$

$$y = g \left\{ \frac{a \sin 2\pi nt - 2\pi nb \cdot \cos 2\pi nt}{a^2 + 4\pi^2 n^2 b^2} \right\} + K e^{-\frac{a}{b}t}$$

이것을 좀 더 간단한 꼴로 바꾸려면 임의의 각 Φ를 잡아서 $\tan\Phi = \frac{2\pi nb}{a}$ 되게 한다.

그러면

$$\sin\Phi = \frac{2\pi nb}{\sqrt{a^2 + 4\pi^2 n^2 b^2}}, \cos\Phi = \frac{a}{\sqrt{a^2 + 4\pi^2 n^2 b^2}}$$

가 된다.

이것들을 대입하면

$$y = g \frac{\cos \Phi \cdot \sin 2\pi nt - \sin \Phi \cdot \cos 2\pi nt}{\sqrt{a^2 + 4\pi^2 n^2 b^2}}$$

$$y = g \frac{\sin (2\pi nt - \Phi)}{\sqrt{a^2 + 4\pi^2 n^2 b^2}}$$

이것이 우리가 구한 최종의 해이며, 여기에서 적분상수는 소거되어 없어졌다.

이것은 전기공학에서 다루는 교류현상의 방정식인데 이 때 g는 기전력의 크기, n는 주파수, a는 저항, b는 회로의 자체 인덕턴스의 크기이며, Φ는 위상의 각도다.

(4) $M dx + N dy = 0$ (**완전미분 방정식의 예**)

M이 오직 x의 함수이며 N이 오직 y의 함수가 되면 이 함수는 바로 적분이 된다. 그러나 M과 N이 두 변 x와 y 모두의 함수라면 과연 이것을 어떻게 미분해야 하는가?

즉 M과 N은 각각 어떤 공통의 함수 U로부터 편미분 된 것은 아닐까? 만일 그렇다면

$$\frac{\partial U}{\partial x} = M, \quad \frac{\partial U}{\partial y} = N$$

그리고 그러한 공통의 함수가 존재한다면 그것은 다음과 같은 모양이 되며 이것은 하나의 완전미분(189~190페이지 전미분과 비교해 보라)이 된다.

$$\frac{\partial U}{\partial x} dx + \frac{\partial U}{\partial y} dy$$

그러면 이것이 완전미분인지 아닌지를 다음과 같이 검토해 보아야 한다. 만약 이것이 완전미분의 식이라고 가정하면 다음과 같은 조건이 성립해야 한다.

$$\frac{dM}{dy} = \frac{dN}{dx}$$

그러면

$$\frac{d(dU)}{dxdy} = \frac{d(dU)}{dydx}$$

그런데 이것은 완적적분이 되기 위한 필요충분조건이기도 하다. 실제적인 예를 하나 들어 설명해 보자.

$$(1 + 3xy)dx + x^2dy = 0$$

이것은 완전미분인가 아닌가? 풀어보면

$$\frac{d(1 + 3xy)}{dy} = 3x, \ \frac{d(x^2)}{dx} = 2x$$

그 결과가 같지 않기 때문에 이것은 완전미분이 아니며, 두 함수 $1 + 3xy$와 x^2은 본래의 어떤 공통함수로부터 유도되어 나온 것이 아니다.

그러나 이러한 경우에는 **적분인자**(integrating factor)를 구해내는 것이 가능한데, 이 적분인자란 두 함수가 이 적분인자에 의하여 곱해지면 그 함수의 표현이 완전적분이 되는 인자를 가리킨다. 적분인자를 구하는 데는 정해진 법이 없으며 경험에 의하여 암시되어 찾아진다. 위의 경우에 있어서 완전적분이 되기 위한 적분인자는 $2x$가 됨을 쉽게 알 수 있다. 즉 $2x$를 두 함수에 곱해주면

$$(2x + 6x^2y)dx + 2x^3dy = 0$$

완전적분이 되는지의 여부를 검토해 보면

$$\frac{d(2x + 6x^2y)}{dy} = 6x^2, \ \frac{d(2x^3)}{dx} = 6x^2$$

이 되면 결과가 같아서 완전적분이 됨을 알 수 있다.

그러면 이것은 적분된다.

$$w = 2x^3y$$

로 놓으면

$$dw = 6x^2 y\, dx + 2x^3\, dy$$

그러므로

$$\int 6x^2 y dx + \int 2x^3 dy = w = 2x^3 y$$
$$U = x^2 + 2x^3 y + C$$

(5) $\dfrac{d^2 y}{dt^2} + n^2 y = 0$

이 경우에는 이차미분계수를 가지는 미분방정식이며 y는 이차 미분계수의 형태로 표시되어 있다. 이 식의 항을 바꾸면

$$\frac{d^2 y}{dt^2} = -n^2 y$$

이 미분방정식을 자세히 보면 이차미분계수는 본 함수 그 자신과 같으며 부호만 바뀌어 있는 꼴로 되어 있다. 이러한 특징을 가지고 있는 함수는 제 15 장 삼각함수의 미분에서 배운 바와 같이 sine과 cosine 함수였다. 그러므로 이 미분방정식의 해는

$$y = A sin(pt + q)$$

와 같은 꼴을 가지게 될 것이다. 이러한 것을 염두에 두고 문제를 풀어 보자.

$$\frac{d^2 y}{dt^2} + n^2 y = 0$$

양변에 $2\dfrac{dy}{dt}$ 를 곱해 준 후 적분하면

$$2\frac{d^2 y}{dt^2}\frac{dy}{dt} + 2n^2 y \frac{dy}{dt} = 0$$

$$2\frac{d^2y}{dt^2}\frac{dy}{dt} = \frac{d(\frac{dy}{dt})^2}{dt}$$

이므로

$$\left(\frac{dy}{dt}\right)^2 + n^2(y^2 - C^2) = 0$$

C는 적분상수이다. 제곱근을 구하면

$$\frac{dy}{dt} = n\sqrt{C^2 - y^2}$$

$$\frac{dy}{\sqrt{C^2 - y^2}} = n \cdot dt$$

그러나 이것은 183페이지에서 배운 바와 같이

$$\frac{1}{\sqrt{C^2 - y^2}} = \frac{d(\arcsin\frac{y}{C})}{dy}$$

그러므로

$$\arcsin\frac{y}{C} = nt + C_1$$

$$y = C\sin(nt + C_1)$$

여기에서 C_1은 각도로 표시되는 적분상수다.

또는 이 해를 다음과 같이 쓸 수도 있다.

$$y = A\sin nt + B\cos nt$$

(6) $\dfrac{d^2y}{dx^2} - n^2y = 0$

이 경우 함수 y의 이차미분계수는 본 함수와 같다. 우리가 배운 것 중에서 이러한 특성을 가진 함수는 오직 자연대수 함수뿐이다.

그러므로 이 미분방정식의 해는 자연대수 함수의 꼴을 하고 있을 것이다.

위의 예제에서와 같이 $2\dfrac{dy}{dx}$를 곱해주면

$$2\dfrac{d^2y}{dx^2}\dfrac{dy}{dx}-2n^2y\dfrac{dy}{dx}=0,\ \text{적분하면}$$

$$2\dfrac{d^2y}{dx^2}\dfrac{dy}{dx}=\dfrac{d\left(\dfrac{dy}{dx}\right)^2}{dx}$$

$$\left(\dfrac{dy}{dx}\right)^2-n^2(y^2+C^2)=0$$

$$\dfrac{dy}{dx}-n\sqrt{y^2+C^2}=0$$

이 때 C는 적분상수며

$$\dfrac{dy}{\sqrt{y^2+C^2}}=ndx$$

이것을 적분하려면 쌍곡선 함수를 사용하는 것이 더욱 간단하다(186페이지 참조).

$$y=c\sinh u$$

로 놓으면

$$dy=c\cosh u\,du$$
$$y^2+c^2=c^2(\sinh^2 u+1)$$
$$=c^2\cosh^2 u$$

$$\therefore \int\dfrac{dy}{\sqrt{y^2+c^2}}=\int\dfrac{c\cosh u\,du}{c\cosh u}=\int du=u$$

그러므로 이 미분방정식의 적분은

$$n\int dx = \int \frac{dy}{\sqrt{y^2+c^2}}$$

$$nx + K = u$$

이 때 K는 적분상수이며

$$c \sinh u = y$$

$$\therefore \sinh(nx+K) = \sinh u = \frac{y}{c}$$

$$y = c \sinh(nx+K)$$
$$= \frac{1}{2} c(e^{nx+K} - e^{-nx-K})$$
$$= Ae^{nx} + Be^{-nx}$$

여기에서

$$A = \frac{1}{2}ce^K, B = -\frac{1}{2}ce^{-K}$$

이 해는 본 미분방정식과는 아무 상관도 없는 것처럼 보인다. 즉 y는 두 개의 항으로 되어 있는데. 한 항은 x가 증가함에 따라서 단조 감소를 한다.

$$(7)\ \ b\frac{d^2y}{dt^2} + a\frac{dy}{dt} + gy = 0$$

이 미분방정식을 자세히 살펴보자. 만일 $b=0$이면 이것은 예제 (1)과 같은 미분방정식의 꼴이 되면 해는 (−)의 지수함수가 된다. 그러나 만일 $a=0$이면 예제 (6)과 같은 미분방정식의 꼴이 되며 해는 (+)지수 함수와 (−)지수 함수의 합이 된다. 그러므로 이러한 관계들을 고려하면 이 미분방정식의 해는 다음과 같은 형태의 꼴이 되리라는 것을 상상할 수 있다.

$$y = (e^{-mt})(Ae^{nt} + Be^{-nt})$$

이때

$$m = \frac{a}{2b}, n = \frac{\sqrt{a^2 - 4bg}}{2b}$$

이 미분방정식의 해를 구하는 단계적인 풀이는 여기에 다루지는 않겠다. 관심이 있으면 미분방정식 책에서 찾아보라.

(8) $\dfrac{d^2 y}{dt^2} = a^2 \dfrac{d^2 y}{dx^2}$

이 미분방정식은 편미분의 예제(192페이지)에서 배운 바와 같이 다음의 함수로부터 미분된 것이다.

$$y = F(x + at) + f(x - at)$$

F와 f는 x에 대한 임의의 함수이다.

이것을 푸는 또 다른 방법 하나는 이 함수를 변수를 변화시켜 다음과 같이 변형시키는 것이다.

$$\frac{d^2 y}{du \cdot dv} = 0$$

이때

$$u = x + at, \; v = x - at$$

이며 이것을 풀면 해는 같은 결과가 된다. 만일 함수 F가 없어지는 경우를 생각하면, 오직

$$y = f(x - at)$$

만이 남으며, 이것의 의미는 시간 $t = 0$일 때 y는 x의 한 특수함수임을 뜻하며, x에 대한 y의 관계 곡선은 한 특수한 꼴을 가진다는 것을 표시해 준다. 그러므로 t의 값이 변하는 것은 x의 값이 정해지는 본래의 식에 변화가 생김을 말해 준다.

즉 함수의 형태가 변함없이 그대로 보존되면 일정한 속도 a로

x방향을 따라서 전파됨을 말해준다. 그럼으로써 특정한 시간 t_0, 특정한 점 x_0에서 y축의 값은 얼마가 되던 간에, 차후 시간 t_1에서 x_0보다 한 층 우측으로 이동된 지점에서도 y축의 동일한 값이 나타난다. 이런 경우 간단하게 표시된 미분방정식은 일정한 속도로 축을 따라서 진행되는 파동(어떤 형태이든 간에)의 전파를 나타내준다.

이 미분방정식을 쓰면

$$m\frac{d^2y}{dt^2} = k\frac{d^2y}{dx^2}$$

방정식의 해는 본래의 형태와 동일하다. 그러나 파동의 전파속도는 다음의 값이 된다.

$$a = \sqrt{\frac{k}{m}}$$

◈ 연습문제 20 ◈ (해답 p.323)

※ 다음 미분방정식을 풀어라.

(1) $\dfrac{dT}{d\theta} = \mu T$, 이때 μ는 상수이며, $\theta = 0$일 때 $T = T_0$

(2) $\dfrac{d^2 s}{dt^2} = a$, 이때 a는 상수이며 $t = 0$일 때 $s = 0$, $\dfrac{ds}{dt} = u$

(3) $\dfrac{di}{dt} + 2i = \sin 3t$, $t = 0$일 때 $i = 0$

(힌트, e^{2t}를 곱해 주고, 258-260페이지를 참고)

22

곡률

제12장에서 우리는 곡선의 기울기를 공부하였는데, 주로 곡선의 형태가 위로 볼록한 곡신인지 아래로 볼록한 곡선인지를 아는 방법을 배웠다. 그러나 그것만으로는 어떤 곡선이 굽어 있는 정도 다시 말해서 그 곡선의 곡률이 얼마인지는 알 수가 없었다.

곡률이란 곡선이 굽은 정도 혹은 일정한 길이의 곡선 즉 단위 길이의(cm, ft, inch 등의 어떠한 길이 단위든지 간에 반경을 측정하는데 쓰이는 단위) 선분 상에 생기는 **편향도**(편각)을 말한다. 예를 들면 반경이 각기 다른 두 원이 있는데 중심은 각각 O와 O'이며 호의 길이 AB와 $A'B'$는 동일하다〈그림 64〉. 반경이 큰 원의 경우 호 AB 위에서 A에서 B로 이동할 때 방향이 AP에서 BQ로 바뀌며 이러한 방향의 전환은 A점에서는 AP 방향을 보고 있으나 B점에서는 BQ 방향을 보게 되기 때문이다.

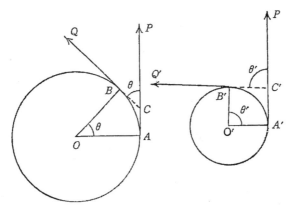

〈그림 64〉

바꾸어 말하면 A에서 B로 걸어가면 무의식적으로 각도 PCQ만큼의 방향을 바꾸게 된다. 그런데 이 때 각도 PCQ는 각도 AOB와 같다. 이와 같이 호 $A'B'$ 위에서 A'에서 B'로 이동할 때 각도 $P'C'Q'$ 만큼 방향을 바꾸게 되며, 이 각도는 $A'O'B'$와 같다.

이 두 경우에서 볼 때 호의 길이 AB와 $A'B'$는 같으나 이에 해당하는 각도는 다르며 각 $A'O'B'$는 각 AOB보다 크다. 그러므로 같은 호의 길이에 대한 곡선의 굽은 정도는 작은 원의 경우 분명히 더 크다.

이러한 사실은 둘째 원(작은 원)의 곡률이 첫째 원(큰 원)의 곡률보다 크다고 말한다. 원이 크면 클수록 굽은 정도, 즉 곡률은 점점 작아진다. 첫째 원의 반경이 둘째 원의 반경보다 2배, 3배, 4배...커지면 호의 단위 길이에 대한 곡률은 둘째 원의 경우보다 첫째 원에서 각각 2배, 3배, 4배...의 순으로 작아진다. 즉, 둘째 원의 같은 길이의 호에 대한 곡률은 각각 $\frac{1}{2}, \frac{1}{3}, \frac{1}{4}$...이 된다. 결국 반경이 2배, 3배, 4배...커지면 곡률은 2배, 3배, 4배...작아진다. 이와 같이 원의 곡률은 반경의 크기에 반비례 한다. 즉,

$$곡률 = k \times \frac{1}{반경}$$

이 때 k는 상수다. $k = 1$로 잡으면 언제나

$$곡률 = \frac{1}{반경}$$

만약 반경이 무한히 커지면 곡률은

$$\frac{1}{무한대} = 0$$

즉, 분모인 반경이 무한히 크면 전체 값은 무한히 작은 값이 된다. 그러므로 수학자들은 직선을 반경이 무한대인 원의 호, 혹은 0의 곡률을 가지는 것으로 간주한다.

원의 경우 원둘레의 어느 지점에서나 곡률은 동일하며 위에서 말한 곡률의 설명이 꼭 들어맞는다. 그러나 어떤 곡선의 경우 곡률은 지점 지점에서 마다 다르며 심지어는 아주 가까이 근접해 있는 두 지점에서 곡률은 상당히 다를 수 있다. 그러므로 곡선사이의 두 점 사이의 호를 단위로 할 때 그 길이가 실제로 무한히 작은 경우가 아니라면 그 호에 대하여 굽은 정도 혹은 편향도를 생각한다는 것은 정확하지 못하다.

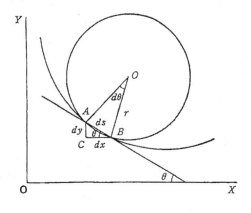

〈그림 65〉

그러므로 임의의 곡선 상에 AB〈그림 65〉와 같이 극히 짧은 호를 생각하고, 원 하나를 그려서 이 원의 호 AB가 본래의 곡선의 호 AB에, 어떤 다른 원으로 할 수 있는 경우보다, 한층 더 가까이 되도록 해준다면 이 원의 곡률은 본래의 호 AB의 곡률이라고 간주할 수 있다. 호 AB가 작으면 작을수록 이 호 AB와 거의 일치하는 호를 가지는 원을 찾아내기는 한층 쉽다. A와 B가 거의 붙어 있다시피 가까이 있어서 AB의 길이가 아주 작고 호 AB의 길이가 ds가 거의 무시할 정도로 작게 되면 원의 호와 곡선의 호는 실제로 완전히 일치하게 되며, 점 A(혹은 점 B)에서 이 곡선의 곡률은 이 원의 곡률과 동일하며, 이 원의 반경의 역수로서 표시된다. 즉 위에서 설명한 바와 같이 곡률을 구하는 방법에 의하면 $\dfrac{1}{OA}$로 표시된다.

우선 만일 AB가 극히 짧다면 아울러 이 원이 역시 매우 작아야만 된다. 그러나 좀 더 생각해 보면 결국 이 짧은 호 AB의 굽은 정도에 따라서 그 원은 어떤 크기를 갖게 될 것은 틀림없다. 실제로 그 곡선이 그 점에서 직선이라면 그 원은 무한히 큰 원이 될 것이다. 이렇게 한 곡선의 어느 점에서 굽은 정도를 표시해 주는 원을 그 점에서의 **곡률원**(circle of curvature) 혹은 **최대접촉원**(osculating circle)이라 하며 곡률원의 반경을 그 지점에서의 그 곡선의 **곡률반경**(radius of circle)라고 한다.

호 AB를 ds, 편각 AOB를 $d\theta$, r을 곡률반경이라 하면,

$$ds = rd\theta \quad \text{혹은} \quad \frac{d\theta}{ds} = \frac{1}{r}$$

할선 AB가 OX측과 이루는 각도를 θ, 이 작은 삼각형 ABC에서 보면

$$\frac{dy}{dx} = \tan\theta$$

AB가 무한히 작아서 B는 실제로 A와 일치하면 선분 AB는 그 점 A(혹은 B)에서 그 곡선의 기울기가 된다.

$\tan\theta$는 점 A(혹은 점 B와 일치한다고 가정한다)의 위치에 다라 정해지며, 즉 x에 의해 결정된다. 즉 $\tan\theta$는 x의 함수가 된다.

기울기를 구하기 위하여(123페이지 참조) x에 대해 미분하면

$$\frac{d(\frac{dy}{dx})}{dx} = \frac{d(\tan\theta)}{dx}$$

혹은

$$\frac{d^2y}{dx^2} = \sec^2\theta\frac{d\theta}{dx}$$

$$= \frac{1}{\cos^2\theta}\frac{d\theta}{dx} \quad \text{(180-181페이지 참조)}$$

$$\therefore \frac{d\theta}{dx} = \cos^2\theta\frac{d^2y}{dx^2}$$

그러나 $\dfrac{dx}{ds} = \cos\theta$

이며,

$$\frac{d\theta}{ds} = \frac{d\theta}{dx} \times \frac{dx}{ds}$$

와 같이 쓸 수 있으므로

$$\frac{1}{r} = \frac{d\theta}{ds} = \frac{d\theta}{dx} \times \frac{dx}{ds} = \cos^3\theta\frac{d^2y}{dx^2} = \frac{\frac{d^2y}{dx^2}}{\sec^3\theta}$$

그러나

$$\sec\theta = \sqrt{1+\tan^2\theta}$$

$$\therefore \frac{1}{r} = \frac{\dfrac{d^2y}{dx^2}}{\left(\sqrt{1+\tan^2\theta}\right)^3} = \frac{\dfrac{d^2y}{dx^2}}{\left\{1+\left(\dfrac{dy}{dx}\right)^2\right\}^{\frac{3}{2}}}$$

$$\therefore r = \frac{\left\{1+\left(\dfrac{dy}{dx}\right)^2\right\}^{\frac{3}{2}}}{\dfrac{d^2y}{dx^2}}$$

분자항이 제곱근으로 되어 있으므로 분자항은 (+)혹은 (−)부호를 갖게 된다. 그러므로 분모항의 부호와 같은 부호를 택해야 한다. r은 (−)가 되면 아무 의미가 없으므로 r은 언제나 (+)이다.

제12장에서 배운 바와 같이 $\dfrac{d^2y}{dx^2}$가 (+)가 되면, 이 곡선은 밑으로 오목하고, (−)가 되면 아래로 오목하다. $\dfrac{d^2y}{dx^2}$가 0이 되면 곡률반경은 무한히 크게 된다. 즉 곡선의 그 해당점은 직선의 작은 부분이다. x축에 대하여 위로 볼록했던 곡선이 아래로 볼록해진 다든가, 그 반대로 되어야만 한다. 이렇게 되는 점을 **변곡점**(point of inflexion)이라 한다.

곡률원의 중심을 곡률중심(center of curvature)이라고 한다. 곡률 중심의 좌표가 x_1, y_1이라면 곡률원의 방정식은(112페이지 참조)

$$(x-x_1)^2+(y-y_1)^2 = r^2$$
$$2(x-x_1)dx+2(y-y_1)dy = 0$$
$$(x-x_1)+(y-y_1)\frac{dy}{dx} = 0 \quad \cdots\cdots (1)$$

이것을 미분한 것은 상수 r을 소거하기 위한 것이다. 이렇게 되면 미지의 상수 x_1과 y_1만 남게 되는데 이 중 하나만을 남게 하기 위하여 재차 미분하면

$$\frac{d(x)}{dx}+\frac{d[(y-y_1)\frac{dy}{dx}]}{dx}=0$$

둘째 항의 분자항은 곱이 되므로, 이것을 재차 미분하면

$$(y-y_1)\frac{d\left(\frac{dy}{dx}\right)}{dx}+\frac{dy}{dx}\frac{d(y-y_1)}{dx}$$
$$=(y-y_1)\frac{d^2y}{dx^2}+(\frac{dy}{dx})^2$$

그러므로 식(1)을 미분한 결과는

$$1+\left(\frac{dy}{dx}\right)^2+(y-y_1)\frac{d^2y}{dx^2}=0$$

이것으로부터 다음 식을 얻는다.

$$y_1=y+\frac{1+(\frac{dy}{dx})^2}{\frac{d^2y}{dx^2}}$$

이것을 식(1)에 대입하면

$$(x-x_1)+\left\{y-y-\frac{1+\left(\frac{dy}{dx}\right)^2}{\frac{d^2y}{d^2x}}\right\}\frac{dy}{dx}=0$$

$$x_1 = x - \frac{\dfrac{dy}{dx}\left\{1 + \dfrac{dy}{dx}\right\}^2}{\dfrac{d^2y}{dx^2}}$$

이 때 x_1과 y_1은 곡률 중심의 위치가 된다. 이 공식의 사용은 다음 예제의 풀이에 잘 나타나 있다.

(예제)

(1) 곡선 $y = 2x^2 - x + 3$의 경우 $x = 0$ 되는 점에서 곡률 반경과 곡률 중심의 좌표를 구하라.

$$y = 2x^2 - x + 3$$

$$\frac{dy}{dx} = 4x - 1, \; \frac{d^2y}{dx^2} = 4$$

$$r = \frac{\pm\left\{1 + \left(\dfrac{dy}{dx}\right)^2\right\}^{\frac{3}{2}}}{\dfrac{d^2y}{dx^2}} = \frac{\left\{1 + (4x-1)^2\right\}^{\frac{3}{2}}}{4}$$

$x = 0$일 때

$$r = \frac{\left\{1 + (-1)^2\right\}^{\frac{3}{2}}}{4} = \frac{\sqrt{8}}{4} = 0.707$$

x_1, y_1이 곡률 중심의 좌표라면

$$x_1 = x - \frac{\dfrac{dy}{dx}\left\{1 + \left(\dfrac{dy}{dx}\right)^2\right\}}{\dfrac{d^2y}{dx^2}}$$

$$= x - \frac{(4x-1)\{1+(4x-1)^2\}}{4}$$

$$= 0 - \frac{(-1)\{1+(-1)^2\}}{4}$$

$$= \frac{1}{2}$$

$x = 0$일 때 $y = 3$이므로

$$y_1 = y + \frac{1 + \left(\dfrac{dy}{dx}\right)^2}{\dfrac{d^2y}{dx^2}} = y + \frac{1+(4x-1)^2}{4}$$

$$= 3 + \frac{1+(-1)^2}{4} = 3\frac{1}{2}$$

곡선과 곡률원을 그려보면 흥미 있고 많은 것을 배울 것이다. 이 값들은 쉽게 검토될 수 있으며

$$x = 0, y = 3$$

일 때

$$x_1^2 + (y_1 - 3)^2 = r^2$$
$$0.5^2 + 0.5^2 = 0.50 = 0.707^2$$

(2) $y = 0$에서 곡선 $y^2 = mx$의 곡률 반경과 곡률중심의 좌표를 구하라.

$$y^2 = mx$$
$$y = m^{\frac{1}{2}} x^{\frac{1}{2}}$$
$$\frac{dy}{dx} = \frac{1}{2} m^{\frac{1}{2}} x^{-\frac{1}{2}}, \frac{d^2y}{dx^2} = -\frac{1}{2} \times \frac{m^{\frac{1}{2}}}{2} x^{-\frac{3}{2}}$$

$$= -\frac{m^{\frac{1}{2}}}{4x^{\frac{3}{2}}}$$

$$\therefore \frac{\pm\left\{1+\left(\dfrac{dy}{dx}\right)^2\right\}^{\frac{3}{2}}}{\dfrac{d^2y}{dx^2}} = \frac{\pm\left\{1+\dfrac{m}{4x}\right\}^{\frac{3}{2}}}{-\dfrac{m^{\frac{1}{2}}}{4x^{\frac{3}{2}}}}$$

$$= \frac{(4x+m)^{\frac{3}{2}}}{2m^{\frac{1}{2}}}$$

r이 (+)부호를 갖게 하기 위하여 분자항에 (−)부호를 부친다.
$y=0$일 때 $x=0$이므로

$$r = \frac{m^{\frac{3}{2}}}{2m^{\frac{1}{2}}} = \frac{m}{2}$$

또 곡률원 중심의 좌표를 x_1, y_1이라면

$$x_1 = x - \frac{\dfrac{dy}{dx}\left\{1+\left(\dfrac{dy}{dx}\right)^2\right\}}{\dfrac{d^2y}{dx^2}} = x - \frac{\dfrac{m^{\frac{1}{2}}}{2x^{\frac{1}{2}}}\left\{1+\dfrac{m}{4x}\right\}}{-\dfrac{m^{\frac{1}{2}}}{4x^{\frac{3}{2}}}}$$

$$= x + \frac{4x+m}{2} = 3x + \frac{m}{2}$$

$x=0$일 때

$$x_1 = \frac{m}{2}$$

또 $x=0, y=0$일 때

$$y_1 = y + \frac{1+\left(\dfrac{dy}{dx}\right)^2}{\dfrac{d^2y}{dx^2}} = m^{\frac{1}{2}}x^{\frac{1}{2}} - \frac{1+\dfrac{m}{4x}}{-\dfrac{m^{\frac{1}{2}}}{4x^{\frac{3}{2}}}}$$

$$= -\frac{4x^{\frac{3}{2}}}{m^{\frac{1}{2}}}$$

(3) 원은 곡률이 일정함을 증명하라.

곡률 중심의 좌표를 x_1, y_1, R을 곡률반경이라면 직교좌표 상에서 원의 방정식은

$$(x-x_1)^2 + (y-y_1)^2 = R^2$$

$$x - x_1 = R\cos\theta$$

라면

$$(y-y_1)^2 = R^2 - R^2\cos^2\theta = R^2(1-\cos^2\theta) = R^2\sin^2\theta$$
$$\therefore y - y_1 = R\sin\theta$$

R과 θ는 곡률 중심을 극으로 하는 원의 임의의 점에서의 극좌표가 된다.

$$x - x_1 = R\cos\theta,\, y - y_1 = R\sin\theta$$

이므로

$$\frac{dx}{d\theta} = -R\sin\theta, \; \frac{dy}{d\theta} = R\cos\theta$$

$$\frac{dy}{dx} = \frac{dy}{d\theta} \cdot \frac{d\theta}{dx} = -\cot\theta$$

또 $$\frac{d^2y}{dx^2} = -(-\operatorname{cosec}^2\theta)\frac{d\theta}{dx} = \operatorname{cosec}^2\theta\left(-\frac{\operatorname{cosec}\theta}{R}\right)$$

$$= -\frac{\operatorname{cosec}^3\theta}{R} \text{(185페이지 예제 5 참조)}$$

$$\therefore r = \frac{\pm\left(1+\cot^2\theta\right)^{\frac{3}{2}}}{-\dfrac{\operatorname{cosec}^3\theta}{R}} = \frac{R\operatorname{cosec}^3\theta}{\operatorname{cosec}^3\theta} = R$$

그러므로 곡률 반경은 일정하며 곡률원의 반경과 같다.

(4) 임의의 점(x,y)에서 곡선 $x = 2\cos^3 t, y = 2\sin^3 t$의 곡률 반경을 구하라.

$$dx = -6\cos^2 t \sin t \, dt \text{ (184페이지 예제(2) 참조)}$$

$$dy = 6\sin^2 t \cos t \, dt$$

$$\therefore \frac{dy}{dx} = -\frac{6\sin^2 t \cos t \, dt}{6\sin t \cos^2 t \, dt} = -\frac{\sin t}{\cos t} = -\tan t$$

$$\therefore \frac{d^2y}{dx^2} = \frac{d}{dt}(-\tan t)\frac{dt}{dx} = \frac{-\sec^2 t}{-6\cos^2 t \sin t} = \frac{\sec^4 t}{6\sin t}$$

$$\therefore r = \frac{\pm\left(1+\tan^2 t\right)^{\frac{3}{2}} \times 6\sin t}{\sec^4 t}$$

$$= \frac{6\sec^3 t \sin t}{\sec^4 t}$$

$$= 6\sin t \cos t$$
$$= 3\sin 2t \quad (\because 2\sin t \cos t = \sin 2t)$$

(5) 임의의 점 $x = 0$, $x = 0.5$, $x = 1.0$에서 곡선 $y = x^3 - 2x^2 + x - 1$의 곡률 반경과 곡률 중심을 구하라. 이 곡선의 변곡점의 위치를 구하라.

$$\frac{dy}{dx} = 3x^2 - 4x + 1, \frac{d^2y}{dx^2} = 6x - 4$$

$$r = \frac{\left\{1 + (3x^2 - 4x + 1)^2\right\}^{\frac{3}{2}}}{6x - 4}$$

$$x_1 = x - \frac{(3x^2 - 4x + 1)\left\{1 + (3x^2 - 4x + 1)^2\right\}}{6x - 4}$$

$$y_1 = y + \frac{1 + (3x^2 - 4x + 1)^2}{6x - 4}$$

$x = 0$일 때 $y = -1$

$$r = \frac{\sqrt{8}}{4} = 0.707, \ x_1 = 0 + \frac{1}{2} = 0.5,$$

$$y_1 = -1 - \frac{1}{2} = -1.5$$

곡선을 그리고, 점 $x = 0, y = -1$을 표시하고, 이 점으로부터 양쪽으로 $\frac{1}{2}$인치 거리에 두 점을 잡아, 이 세 점을 지나는 원을 그려라. 이 원의 반경과 중심의 좌표를 구하라. 그리고 위의 결과와 비교해 보라. 그림에서는 단위 길이를 2인치로 하여 그렸으므로 이때의 원은 $r = 0.72$, $x = 0.47$, $y_1 = -1.53$이 되며 위의 결과와 거의 일치된다.

$x=0.5$일 때 $y=-0.875$

$$r=\frac{-\left\{1+(-0.25)^2\right\}^{\frac{3}{2}}}{-1}=1.09$$

$$x_1=0.5-\frac{-0.25\times1.09}{-1}=0.33$$

$$y_1=-0.875+\frac{1.09}{-1}=-1.96$$

이때 $r=0.98$, $x_1=0.33$, $y_1=-1.83$

$x=1$일 때 $y=-1$

$$r=\frac{(1+0)^{\frac{3}{2}}}{2}=0.5$$

$$x_1=1-\frac{0\times(1+0)}{2}=1$$

$$y_1=-1+\frac{1+0^2}{2}=-0.5$$

이때 $r=0.57$, $x_1=0.96$, $y_1=-0.44$

변곡점에서는 $\dfrac{d^2y}{dx^2}=0$

$$6x-4+0, x=\frac{2}{3}$$

그러므로 $y=0.925$가 된다.

(6) 곡선 $y=\left\{\dfrac{a}{2}e^{\frac{x}{a}}+\dfrac{a}{2}e^{-\frac{x}{a}}\right\}$에서 $x=0$일 때 곡률 반경과 곡률 중심을 구하라(이 곡선을 현수선(catenary)이라 부른다). 이 곡

선의 식을 바꾸어 쓰면

$$y = \frac{a}{2}e^{\frac{x}{a}} + \frac{a}{2}e^{-\frac{x}{a}}$$

그러면 (161-162페이지 예제들 참조)

$$\frac{dy}{dx} = \frac{a}{2} \times \frac{1}{a}e^{\frac{x}{a}} - \frac{a}{2} \times \frac{1}{a}e^{-\frac{x}{a}} = \frac{1}{2}(e^{\frac{x}{a}} - e^{-\frac{x}{a}})$$

$$\frac{d^2y}{dx^2} = \frac{1}{2a}\left\{e^{\frac{x}{a}} + e^{-\frac{x}{a}}\right\} = \frac{1}{2a} \times \frac{2y}{a} = \frac{y}{a^2}$$

$$r = \frac{\left\{1 + \frac{1}{4}(e^{\frac{x}{a}} - e^{-\frac{x}{a}})^2\right\}^{\frac{3}{2}}}{\dfrac{y}{a^2}}$$

$$= \frac{a^2}{8y}\sqrt{(2 + e^{\frac{2x}{a}} + e^{-\frac{2x}{a}})^3}$$

$e^{\frac{x}{a} - \frac{x}{a}} = e^0 = 1$ 이므로

$$r = \frac{a^2}{8y}\sqrt{(2e^{\frac{x}{a} - \frac{x}{a}}e^{\frac{2x}{a}} + e^{-\frac{2x}{a}})^3}$$

$$= \frac{a^2}{8y}\sqrt{\left(e^{\frac{x}{a}} + e^{-\frac{x}{a}}\right)^6} = \frac{y^2}{a}$$

$x = 0$ 일 때

$$y = \frac{a}{2}(e^0 + e^0) = a, \therefore r = \frac{a^2}{a} = a$$

그러므로 이 현수선의 정점에서의 곡률은 상수 a와 동일하다.

$x = 0$일 때

$$x_1 = 0 - \frac{0(1+0)}{\dfrac{1}{a}} = 0$$

$$y_1 = y + \frac{1+0}{\dfrac{1}{a}} = a + a = 2a$$

186페이지에서 정의한 바와 같이

$$\frac{1}{2}(e^{\frac{x}{a}} + e^{-\frac{x}{a}}) = \cosh \frac{x}{a}$$

그러므로 이 현수선의 방정식은 다음과 같은 꼴이 된다.

$$y = a \cosh \frac{x}{a}$$

그러므로 이런 꼴의 방정식으로부터 위의 결과들을 증명해 보는 것은 대단히 유용한 연습이 된다.

이러한 모양의 문제들의 풀이와 더불어 다음의 연습문제들을 혼자서 푸는데 별다른 어려움이 없을 것이다.

예제(4)에서 설명한 것과 같이 곡선을 그리고 곡률원을 그려서 문제의 답들을 대조해 보아라.

◆ 연습문제 21 ◆ (해답 p.323)

(1) $x=0$인 점에서 곡선 $y=e^x$의 곡률반경과 곡률 중심의 위치를 구하라.

(2) $x=2$인 점에서 곡선 $y=x(\frac{x}{2}-1)$의 곡률반경과 곡률중심을 구하라.

(3) 곡선 $y=x^2$에서 곡률이 1이 되는 한 점 혹은 여러 점을 구하라.

(4) $x=\sqrt{m}$인 점에서 곡선 $xy=m$의 곡률반경과 곡률중심을 구하라.

(5) $x=0$인 지점에서 곡선 $y^2=4ax$의 곡률반경과 곡률 중심을 구하라.

(6) $x=\pm 0.9$인 점과 $x=0$인 점에서 곡선 $y=x^3$의 곡률반경과 곡률중심을 구하라.

(7) 두 점 $x=0, x=1$에서 각각 곡선 $y^2=x^2-x+2$의 곡률반경과 곡률중심의 좌표를 구하라. y의 극대 혹은 극소값을 구하라. 그 결과를 그림으로 그려서 증명하라.

(8) $x=-2, x=0, x=1$인 점에서 각각 곡선 $y=x^3-x-1$의 곡률반경과 곡률중심의 좌표를 구하라.

(9) 곡선 $y=x^3+x^2+1$의 변곡점들의 좌표를 구하라.

(10) $x=1.2, x=2, x=2.5$인 점에서 각각 곡선 $y=(4x-x^2-3)^{\frac{1}{2}}$의 곡률반경과 곡률중심의 좌표를 구하라. 이 곡선의 이름은 무엇인가?

(11) $x=0, x=+1.5$인 점에서 각각 곡선 $y=x^3-3x^2+2x+1$의 곡률반경과 곡률중심의 좌표를 구하라. 변곡점의 위치를 구하라.

(12) $\theta = \dfrac{\pi}{4}, \theta = \dfrac{\pi}{2}$인 점에서 각각 곡선 $y = \sin\theta$의 곡률반경과 곡률중심을 구하라. 변곡점의 위치를 구하라.

(13) 반경이 3, 중심의 좌표가 $x = 1, y = 0$되는 원을 그려라. 113 페이지에서 원의 공식을 설명한 바와 같이 원의 방정식을 유도하라. 계산에 의하여 몇 개의 점에서 곡률 반경과 곡률 중심의 좌표를 가능하면 정확히 구하라. 옳은 값을 구하였는지를 증명하라.

(14) $\theta = 0, \theta = \dfrac{\pi}{4}, \theta = \dfrac{\pi}{2}$인 점에서 곡선 $y = \cos\theta$의 곡률반경과 곡률중심을 구하라.

(15) $x = 0, y = 0$인 점에서 타원 $\dfrac{x^2}{a^2} + \dfrac{y^2}{b^2} = 1$의 곡률반경과 곡률 중심을 구하라.

(16) 어떤 곡선이 다음과 같은 식으로 표시된다.
$$x = F(\theta), y = f(\theta)$$
곡률반경 r이

$$r = \left\{ \left(\frac{dx}{d\theta}\right)^2 + \left(\frac{dy}{d\theta}\right)^2 \right\}^{\frac{3}{2}} / \left(\frac{dx}{d\theta} \cdot \frac{d^2 y}{d\theta^2} - \frac{dy}{d\theta} \cdot \frac{d^2 x}{d\theta^2} \right)$$

이다. 274페이지에 있는 곡률반경이 공식으로부터 이것을 유도할 수 있는가? 공식을 응용하여 다음 곡선의 r을 구하라.
$$x = a(\theta - \sin\theta), y = a(1 - \cos\theta)$$

23

곡선의 길이 계산

곡선 위의 일정한 길이는 작은 직선토막들이 수없이 많이 이어져서 된 것이므로 이 직선부분들을 모두 합하면 곡선의 길이를 구할 수 있다. 이렇게 작은 것들을 무수히 많이 합한다는 것은 정확히 말해서 적분이므로, 곡선식이 적분될 수 있도록 되어 있으면 적분하여 곡선의 길이를 구할 수 있다.

MN이 곡선 위의 선분이라면〈그림 66(a)〉이것의 길이는 s이며 s의 일부분인 선분 ds는 다음과 같은 관계가 있다.

$$(ds)^2 = (dx)^2 + (dy)^2$$

혹은

$$ds = \sqrt{1 + \left(\frac{dx}{dy}\right)^2}\, dy \quad \text{또는} \quad ds = \sqrt{1 + \left(\frac{dy}{dx}\right)^2}\, dx$$

선분 MN은 점 M과 점 N 사이 즉 x_1과 x_2 사이, y_1과 y_2 사이에 있는 작은 직선 ds 모두를 합한 것으로 되어 있다. 그러므로

$$s = \int_{x_1}^{x_2} \sqrt{1 + \left(\frac{dy}{dx}\right)^2}\, dx \quad \text{또는} \quad s = \int_{y_1}^{y_2} \sqrt{1 + \left(\frac{dx}{dy}\right)^2}\, dy$$

이것이 곡선의 길이를 구하는 방법의 전부이다.

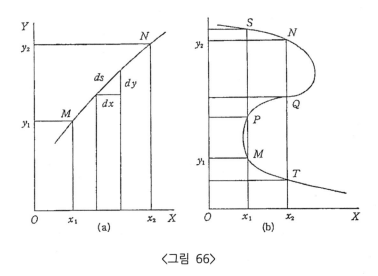

<그림 66>

주어진 x값에 대하여 이에 대응하는 y의 값이 여러 개가 존재할 때(그림 66(b)) 2차 미분계수는 매우 유용하게 쓰인다. 이런 경우 x_1과 x_2 사이의 적분은 곡선상의 일정선분의 정확한 길이를 측정하는 데 문제점을 제시한다. 직선의 경우와 같은 MN이 아니라 곡선 ST 혹은 SQ인 것인데 y_1과 y_2 사이를 적분함으로써 문제점은 없어진다. 그리고 이 경우에는 이차 적분을 이용해야 한다.

만일 x와 y의 직교좌표 혹은 카테시안 좌표[이 좌표를 만들어낸 프랑스의 수학자 데카르트(Descartes)가 이름을 붙였음] 대신에 r과 θ의 극좌표(232~233페이지 참조)를 사용하면 MN은 곡선상에서 ds라는 길이를 갖는 아주 짧은 호가 되며, 길이 s가 측정하려는 전체 선분이 된다〈그림 67〉. 이 때 O는 극이 되기 때문에 길이 ON는 일반적으로 OM과는 dr이라는 아주 짧은 거리의 차이가 난다.

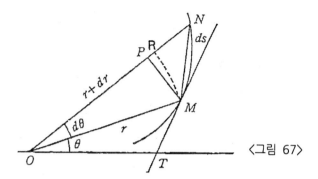

〈그림 67〉

이 때 작은 각도 MON을 $d\theta$라고 하면 점 M의 극좌표는 θ과 r이 되며 점 N의 극좌표는 $(\theta + d\theta)$와 $(r + dr)$이 된다. MN이 ON의 수직이라 하고 $OR = OM$이라면 $RN = dr$이 된다. 그리고 $d\theta$는 대단히 작은 각도이므로 RN은 PN과 거의 동일하다. 또 $RM = rd\theta$이므로 RM은 PM과 거의 동일하다. 실제로 $PN = dr, PM = rd\theta$, 곡선 MN＝직선 MN이라고 할 수 있다.

그러므로

$$(ds)^2 = (직선 MN)^2 = PN^2 + PM^2 = dr^2 + r^2 d\theta^2$$

$d\theta^2$으로 나누면

$$\left(\frac{ds}{d\theta}\right)^2 = r^2 + \left(\frac{dr}{d\theta}\right)^2$$

$$\frac{ds}{d\theta} = \sqrt{r^2 + \left(\frac{dr}{d\theta}\right)^2}$$

$$ds = \sqrt{r^2 + \left(\frac{dr}{d\theta}\right)^2} \, d\theta$$

그러므로 구하려는 곡선의 길이 s는 작은 선분 ds의 모두를 합한 것으로 되어 있다. 구간

$$\theta = \theta_1 과 \quad \theta = \theta_2 에서$$

$$s = \int_{\theta_1}^{\theta_2} ds = \int_{\theta_1}^{\theta_2} \sqrt{r^2 + \left(\frac{dr}{d\theta}\right)^2}\, d\theta$$

예제의 문제들을 풀어보자.

(예제)

(1) 중심이 x, y 직교좌표의 원점에 있는 원의 방정식이 $x^2 + y^2 = r^2$ 이다. 제 1 상한의 호의 길이를 구하라.

$$y^2 = r^2 - x^2$$
$$2ydy = -2xdx$$
$$\frac{dy}{dx} = -\frac{x}{y}$$

$$\therefore s = \int \sqrt{\left[1 + \left(\frac{dy}{dx}\right)^2\right]}\, dx = \int \sqrt{\left(1 + \frac{x^2}{y^2}\right)}\, dx$$

$y^2 = r^2 - x^2$ 이므로

$$s = \int \sqrt{\left(1 + \frac{x^2}{r^2 - x^2}\right)}\, dx = \int \frac{rdx}{\sqrt{r^2 - x^2}}$$

구하는 호의 길이는 제 1 상한의 것이므로 $x = 0$ 에서부터 $x = r$ 되는 점까지에 걸쳐 있다. 이것은 다음과 같이 쓸 수 있다.

$$s = \int_{x=0}^{x=r} \frac{rdx}{\sqrt{(r^2 - x^2)}}$$

좀 더 간단히 하면

$$s = \int_0^r \frac{rdx}{\sqrt{r^2 - x^2}}$$

적분기호 오른쪽에 있는 0과 r 은 곡선의 일정부분, 즉 구간 $x = 0, x = r$ 사이를 적분하라는 표시이다.(224페이지 참조)

여기에 새로운 적분이 하나 있다. 이것을 풀 수 있는가?

삼각함수의 미분 183페이지에서

$$y = \mathrm{arc}(\sin x)$$

의 미분은

$$\frac{dy}{dx} = \frac{1}{\sqrt{1-x^2}}$$

임을 알았다. 이런 형태의 역삼각함수를 미분해 보았으며,

$$y = a\,\mathrm{arc}(\sin\frac{x}{a})$$

의 미분은

$$\frac{dy}{dx} = \frac{a}{\sqrt{a^2-x^2}}$$

$$dy = \frac{adx}{\sqrt{a^2-x^2}}$$

이 되며 이것을 우리가 적분해야 되는 미분식과 똑 같은 꼴이다.
　그러므로

$$s = \int \frac{rdx}{\sqrt{(r^2-x^2)}}$$

$$= r\,\mathrm{arc}(\sin\frac{x}{r}) + C$$

이 때 C는 적분상수이다.
　적분 구간은 $x = 0, x = r$ 사이이므로

$$s = \int_0^r \frac{rdx}{\sqrt{(r^2-x^2)}} = \left[r\,\mathrm{arc}\left(\sin\frac{x}{y}\right) + C \right]_0^r$$

$$\therefore s = r\,\mathrm{arc}(\sin\frac{r}{r}) + C - r\,\mathrm{arc}(\sin\frac{0}{r}) - C$$

$\mathrm{arc}(\sin 1) = 90°$ 혹은 $\dfrac{\pi}{2}$ 이며 $\mathrm{arc}(\sin\theta) = 0$ 이므로

$$s = r \times \frac{\pi}{2}$$

그러므로 이 원의 1 상한의 호의 길이는 $\dfrac{\pi r}{2}$이며, 전체 원둘레는 이것의 4배인

$$4 \times \dfrac{\pi r}{2} = 2\pi r \text{이 된다.}$$

(2) 원 $x^2 + y^2 = 6^2$인 원에 있어서 $x_1 = 2, x_2 = 5$ 사이에 있는 호 AB의 길이를 구하라〈그림 68〉.

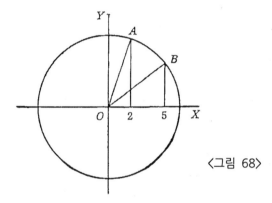

〈그림 68〉

위의 예제에서 푼 것과 같이

$$s = \left[r \arcsin\left(\dfrac{x}{r}\right) + C \right]_{x_1}^{x_2}$$

$$= \left[6 \arcsin\left(\dfrac{x}{6}\right) + C \right]_{2}^{5}$$

$$= 6\left[\arcsin\left(\dfrac{5}{6}\right) - \arcsin\left(\dfrac{2}{6}\right) \right]$$
$$= 6(0.9850 - 0.3397)$$
$$= 3.8718 \text{인치 (호는 라디안으로 표시되기 때문)}$$

이 문제는 또 다른 새로운 방법으로 구한 값과 비교 검토해 보

는 것이 좋다. 이 새로운 방법은 다음과 같다.

$$\cos AOX = \frac{2}{6} = \frac{1}{3}, \quad \cos BOX = \frac{5}{6}$$

$$AOX = 70° \ 32', \ BOX = 33° \ 34'$$

$$AOB - BOX = AOB = 36° \ 58'$$

$$= \frac{36.9667}{57.2958} \ \text{라디안} = 0.6451 \ \text{라디안} = 3.8706 \ \text{인치}$$

이렇게 두 방법으로 구한 값의 차이는 대수표와 삼각함수표의 소수 마지막 자리에서 어림셈이 되었기 때문이다.

(3) 구간 $x = 0, x = a$에서 다음 곡선(이 곡선은 현수선, catenary 이다)의 호의 길이를 구하라.

$$y = \frac{a}{2} \left\{ e^{\frac{x}{a}} + e^{-\frac{x}{a}} \right\}$$

$$y = \frac{a}{2} e^{\frac{x}{a}} + \frac{a}{2} e^{-\frac{x}{a}}, \frac{dy}{dx} = \frac{1}{2} \left\{ e^{\frac{x}{a}} - e^{-\frac{x}{a}} \right\}$$

$$s = \int \sqrt{1 + \frac{1}{4} \left\{ e^{\frac{x}{a}} - e^{-\frac{x}{a}} \right\}^2} \ dx$$

$$= \frac{1}{2} \int \sqrt{4 + e^{\frac{2x}{a}} + e^{-\frac{2x}{a}} - 2e^{\frac{x}{a} - \frac{x}{a}}} \ dx$$

여기에서

$$e^{\frac{x}{a} - \frac{x}{a}} = e^0 = 1$$

그러므로 $s = \frac{1}{2} \int \sqrt{2 + e^{\frac{2x}{a}} + e^{-\frac{2x}{a}}} \ dx$

2를 $2 \times e^0 = 2 \times e^{\frac{x}{a} - \frac{x}{a}}$ 로 대치시키면

$$s = \frac{1}{2} \int \sqrt{e^{\frac{2x}{a}} + 2e^{\frac{x}{a} - \frac{x}{a}} + e^{-\frac{2x}{a}}}\, dx$$

$$= \frac{1}{2} \int \sqrt{\left(e^{\frac{x}{a}} + e^{-\frac{x}{a}}\right)^2}\, dx = \frac{1}{2} \int (e^{\frac{x}{a}} + e^{-\frac{x}{a}})dx$$

$$= \frac{1}{2} \int e^{\frac{x}{a}}\, dx + \frac{1}{2} \int e^{-\frac{x}{a}}\, dx = \frac{a}{2} \left[e^{\frac{x}{a}} - e^{-\frac{x}{a}} \right]$$

$$\therefore s = \frac{a}{2} \left[e^{\frac{x}{a}} - e^{-\frac{x}{a}} \right]_0^a = \frac{a}{2} \left[e^1 - e^{-1} + 1 - 1 \right]$$

$$s = \frac{a}{2}(e - \frac{1}{e}) = 1.1752a$$

(4) 〈그림 69〉에서 곡선상의 임의의 점 P에 접하는 접선이 x축 AB와 만나는 점을 T라 할 때 선분PT의 길이는 일정한 상수 a 이다.

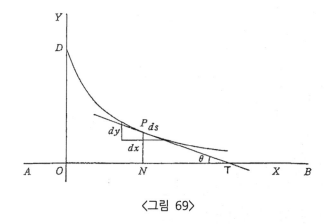

〈그림 69〉

이 곡선의 호를 나타내는 방정식을 구하라. 이 곡선은 트랙트릭스(tractrix)라고 부른다. 구간 $y = a, y = 1$에서 $a = 3$일 때 호의 길이를 구하라.

x축과 만나는 직선을 볼 때 점 D는 $DO=a$ 되는 곡선상의 점이며, D에서 OD는 곡선의 접선이 된다.

OD를 y의 축으로 잡으면, AB와 OD는 대칭의 축이라 부른다. 즉 곡선은 이 축들에 대하여 대칭이 된다.

그러므로 $PT=a, PN=y, ON=x$가 된다.

직선의 작은 선분을 ds라 하면 P에서

$$\sin\theta = \frac{dy}{dx} = -\frac{y}{a}$$

(이 곡선이 단조 감소 곡선이므로 (-)부호를 갖는다. 92페이지 참조)

그러므로

$$\frac{ds}{dy} = -\frac{a}{y}, \ ds = -a\frac{dy}{y}, \ s = -a\int\frac{dy}{y}$$

즉

$$s = -a\log_e y + C$$

$$x=0, s=0, y=a \text{일 때}$$

$$0 = -a\log_e a + C$$

$$C = a\log_e a$$

$$\therefore s = a\log_e a - a\log_e y = a\log_e\frac{a}{y}$$

그러므로 구간 $y=a, y=1$에서 $a=3$일 때

$$s = 3\left[\log_e\frac{3}{y}\right]_1^3 = 3\left(\log_e 1 - \log_e 3\right)$$

$$= 3(0 - 1.0986)$$

$$= -3.296 \text{ 혹은 } 3.296$$

(-)부호는 단순히 D에서 P, 혹은 P에서 D까지 길이를 측정하는 방향을 가리킨다.

곡선의 식을 알지 않고도 이러한 결과를 얻을 수 있음을 주의
하라. 이렇게 하는 것은 가능하다. 그러나 x좌표만 주어진 두 점
사이의 곡선의 길이를 구하려면 그 곡선의 식을 반드시 알아야
하는데 이것은 다음과 같이 매우 쉽다.

$PT = a$이므로

$$\frac{dy}{dx} = -\tan\theta = -\frac{y}{\sqrt{a^2 - y^2}}$$

$$\therefore dx = -\frac{\sqrt{a^2 - y^2}\, dy}{y}$$

$$x = -\int \frac{\sqrt{a^2 - y^2}\, dy}{y}$$

이 적분은 곡선의 방정식인 x와 y의 관계를 나타낸다.

이 적분을 풀어보자

$$u^2 = a^2 - y^2$$

으로 놓으면

$$2udu = -2ydy, \quad udu = -ydy$$

$$\therefore x = \int \frac{u^2 du}{y^2} = \int \frac{u^2 du}{a^2 - u^2} = \int \frac{a^2 - (a^2 - u^2)}{a^2 - u^2} \cdot du$$

$$= a^2 \int \frac{du}{a^2 - u^2} - \int du$$

$$= a^2 \cdot \frac{1}{2a} log_e \frac{a+u}{a-u} - u + C \text{ (249페이지 참조)}$$

$$= \frac{1}{2} a \, log_e \frac{(a+u)(a+u)}{(a-u)(a+u)} - u + C$$

$$= a \, log_e \frac{a+u}{\sqrt{a^2 - u^2}} - u + C$$

$$\therefore x = a \log_e \frac{a + \sqrt{a^2 - y^2}}{y} - \sqrt{a^2 - y^2} + C$$

$x = 0$일 때 $y = a$이므로

$$0 = a \log_e 1 - 0 + C$$

$$\therefore C = 0$$

그러므로 트랙트릭스의 방정식은

$$x = a \log_e \frac{a + \sqrt{a^2 - y^2}}{y} - \sqrt{a^2 - y^2}$$

$a = 3$이고, $x = 0$에서 $x = 1$까지 호의 길이를 알아야 한다면 주어진 x값에 대응하는 y값을 산출하는 것은 쉬운 문제가 아니다. 그러나 a의 값이 주어지면 그래프 상에서 우리가 원하는 만큼의 정확한 근사값을 다음과 같이 쉽게 구할 수 있다.

적당한 y의 값들 즉 3, 2, 1.5, 1을 넣어 그래프를 그린다. 이 그래프에서 호를 나타내 주는 x의 주어진 값 두 개에 대응하는 y의 값을 찾는다. 이 호의 길이를 그래프의 눈금으로 잴 수 있을 정도로 정확하게 측정하여야 한다. 물론 $x = 0, y = 3$일 때 그래프 위에서 $x = 1$이면 $y = 1.72$라고 가정하자. 이것은 어림값이다. 모눈금을 가능하면 크게 하여 곡선을 다시 그려서 y의 값을 1.6, 1.7, 1.8 세 개만을 취한다. 완전한 직선은 아니지만 거의 직선에 가까운 이 두 번째 그래프에서 보면 y가 어떤 값이 되든지 소수점 세 자리까지 정확히 읽을 수 있을 것이다. 그러면 우리가 목적하는 것에는 이것으로 충분하다. 그래프에서 $y = 1.723$은 정확히 $x = 1$에 대응함을 보게 된다. 그러면

$$s = 3 \left[\log_e \frac{3}{y} \right]_{x=0}^{x=1} = 3 \left[\log_e \frac{3}{y} \right]_3^{1.723}$$

$$= 3 \left(\log_e 1.741 - 0 \right) = 1.66$$

좀 더 정확한 y의 값을 구하려면 y를 1.722, 1.723, 1.724...로 잡아서 세 번째 그래프를 그려 볼 수 있다. 이렇게 하면 소수점 5째 자리까지 정확한 값을 얻게 되는데 $x=1$에 대응하는 y의 값을 구하고, 또 계속하여 원하는 만큼의 정확성을 구할 때까지 해 볼 수 있다.

(5) 구간 $\theta=0$, $\theta=1$ 라디안 사이에서 로그나선(logarithmic spiral)[11] $r=e^{\theta}$의 호의 길이를 구하라. $y=e^{x}$의 미분을 기억하고 있는가? 이것은 미분하여도 언제나 그대로 남아 있기 때문에 기억하기 쉽다(154페이지 참조).

$$y=e^{x}, \frac{dy}{dx}=e^{x}$$

여기에서

$$r=e^{\theta}, \frac{dr}{d\theta}=e^{\theta}=r$$

이 과정을 역으로 진행시켜 $\int e^{\theta}d\theta$를 적분하면 역시 $r+C$가 되며, C는 적분상수다.

그러므로

$$s=\int \sqrt{\left[r^2+\left(\frac{dr}{d\theta}\right)^2\right]}\,d\theta=\int \sqrt{(r^2+r^2)}\,d\theta$$

$$=\sqrt{2}\int r\,d\theta=\sqrt{2}\int e^{\theta}d\theta=\sqrt{2}\,(e^{\theta}+C)$$

주어진 구간 $\theta=0, \theta=1$ 사이에서 적분하면

$$s=\int_0^1 \sqrt{\left[r^2+\left(\frac{dr}{d\theta}\right)^2\right]}\,d\theta=\left[\sqrt{2}\,(e^{\theta}+C\right]_0^1$$

---

11) Bernoulli의 나선(Bernoulli's spiral) 또는 등각나선(equiangular spiral)이라고도 한다.

$$= \sqrt{2}\,e^1 - \sqrt{2}\,e^0$$

$$= \sqrt{2}\,(e-1)$$

$$= 1.41 \times 1.718 = 2.43$$

(6) 구간 $\theta = 0, \theta = \theta_1$ 사이에서 로그나선 $r = e^\theta$의 호의 길이를 구하라.

위에서 푼 바와 같이

$$s = \sqrt{2} \int_0^{\theta_1} e^\theta d\theta = \sqrt{2} \left[e^{\theta_1} - e^0 \right] = \sqrt{2}\,(e^{\theta_1} - 1)$$

(7) 이 장의 마지막 부분에 나오는 문제들을 푸는데 유용하게 쓰이게 될 전형적인 적분 하나를 자세하게 풀어 보자. 곡선 상의 호의 길이를 나타내주는 다음과 같은 방정식을 생각해 보자.

$$y = \frac{a}{2}x^2 + 3$$

$$\frac{dy}{dx} = ax, s = \int \sqrt{1 + a^2 x^2 dx}$$

$$ax = \sinh z (186페이지 참조)$$

라 하면

$$a dx = \cosh z\, dz$$

$$1 + a^2 x^2 = 1 + \sinh^2 z = \cosh^2 z$$

$$\therefore s = \frac{1}{a} \int \cosh^2 z\, dz = \frac{1}{4a} \int (e^{2z} + 2 + e^{-2z}) dz$$

$$= \frac{1}{4a} \left[\frac{1}{2}e^{2z} + 2z - \frac{1}{2}e^{-2z} \right]$$

$$= \frac{1}{8a} \left[(e^z)^2 - (e^{-z})^2 + 4z \right]$$

$$= \frac{1}{8a}(e^z - e^{-z})(e^z + e^{-z}) + \frac{z}{2a}$$

$$= \frac{1}{2a}(\sinh z \cosh z + z) = \frac{1}{2a}(ax\sqrt{1+a^2x^2} + z)$$

z를 다시 x로 표현하면

$$ax = \sinh z = \frac{1}{2}(e^z - e^{-z})$$

$2e^z$를 곱해주면

$$2axe^z = e^{2z} - 1$$
$$(e^z)^2 - 2ax(e^z) - 1 = 0$$

이것은 e^z의 이차방정식이다. (+)제곱근을 구하면

$$e^z = \frac{1}{2}(2ax + \sqrt{4a^2x^2 + 4})$$
$$= ax + \sqrt{1 + a^2x^2}$$

자연 대수로 표시하면

$$z = \log_e(ax + \sqrt{1 + a^2x^2})$$

그러므로 구하는 적분은

$$s = \int \sqrt{1 + a^2x^2}\, dx$$

$$= \frac{x}{2}\sqrt{1 + a^2x^2} + \frac{1}{2a}\log_e(ax + \sqrt{1 + a^2x^2})$$

위에 든 이 예제들 중에서 어떤 것은 매우 중요한 적분이며 이들의 관계를 자세히 설명하였다. 이들은 다른 문제들을 푸는데 대단히 중요하기 때문에 다음에 참고할 수 있도록 모아 아래에 정리하였다.

역 쌍곡선 함수(Inverse hyperbolic function)

$x = \sinh z$, z의 역함수로 쓰면 $z = \sinh^{-1} x$

$$z = \sinh^{-1}x = \log_e(x + \sqrt{x^2+1})(299페이지 참조)$$

$x = \cosh z$라면

$$z = \cosh^{-1}x = \log_e(x + \sqrt{x^2-1})$$

무리수의 제곱적분(Irrational quadratic integral)

(i) $\displaystyle\int \frac{\sqrt{a^2-x^2}}{x}dx = \sqrt{a^2-x^2} - a\log_e\frac{a + \sqrt{a^2-x^2}}{x} + C$

(ii) $\displaystyle\int \sqrt{a^2+x^2}\,dx$
$$= \frac{1}{2}x\sqrt{a^2+x^2} + \frac{1}{2}a^2\log_e(x + \sqrt{a^2+x^2}) + C$$

(iii) $\displaystyle\int \frac{dx}{\sqrt{a^2+x^2}} = \log_e(x + \sqrt{a^2+x^2}) + C$

만약 $x = a\sinh u$라면 $dx = a\cosh u\,du$

$$\int \frac{dx}{\sqrt{a^2+x^2}} = \int du = u + C = \sinh^{-1}\frac{x}{a} + C$$

$$= \log_e\frac{x + \sqrt{a^2+x^2}}{a} + C$$

$$= \log_e(x + \sqrt{a^2+x^2}) + C$$

244페이지 예제(5)와 249페이지를 참조하라.

위에서 배운 것을 응용하여 다음의 연습 문제들을 풀 수 있을 것이다. 곡선의 그래프를 그려서 수치 측정을 하여 구한 답이 맞는지를 검토해 보면 흥미롭고 배우는 것이 더 많을 것이다.

◈ 연습문제 22 ◈ (해답 P. 325)

(1) 구간 $x = 1, x = 4$ 사이에 있는 직선 $y = 3x + 2$의 길이를 구하라.

(2) 구간 $x = -1, x = a^2$ 사이에 있는 직선 $y = ax + b$의 길이를 구하라.

(3) 구간 $x = 0, x = 1$ 사이에 있는 곡선 $y = \dfrac{2}{3}x^{\frac{3}{2}}$의 길이를 구하라.

(4) 구간 $x = 0, x = 2$ 사이에 있는 곡선 $y = x^2$의 길이를 구하라.

(5) 구간 $x = 0, x = \dfrac{1}{2m}$ 사이에 있는 곡선 $y = mx^2$의 길이를 구하라.

(6) 구간 $\theta = \theta_1, \theta = \theta_2$ 사이에 있는 곡선 $x = a\cos\theta$와 $y = a\sin\theta$의 길이를 구하라.

(7) 곡선 $r = a\sec\theta$의 길이를 구하라.

(8) 구간 $x = 0, x = a$ 사이에 있는 곡선 $y^2 = 4ax$의 호의 길이를 구하라.

(9) 구간 $x = 0, x = 4$ 사이에 있는 곡선 $y = x(\dfrac{x}{2} - 1)$의 호의 길이를 구하라.

(10) 구간 $x = 0, x = 1$ 사이에 있는 곡선 $y = e^x$의 호의 길이를 구하라.

(이 좌표는 직교좌표 상에 있으며 극좌표 상에 있는 $r = e^\theta$와는 방정식은 유사하지만 곡선은 전혀 다르다)

(11) 어떤 곡선 상에 나타난 한 점의 좌표가 $x = a(\theta - \sin\theta), y = a(1 - \cos\theta)$이며, θ는 구간 0에서 2π까지 변하는 편각이다(이 곡선을 cycloid, 파선이라 부른다). 곡선의 길이를 구하라.

(12) 구간 $x = 0, x = \dfrac{\pi}{4}$ 사이에 있는 곡선 $y = \log_e \sec x$의 호의 길이를 구하라.

(13) 곡선 $y^2 = \dfrac{x^3}{a}$의 호의 길이를 나타내는 방정식을 구하라.

(14) 구간 $x = 1, x = 2$ 사이에 있는 곡선 $y^2 = 8x^3$의 길이를 구하라.

(15) 구간 $x = 0, x = a$ 사이에 있는 곡선 $y^{\frac{2}{3}} + x^{\frac{2}{3}} = a^{\frac{2}{3}}$의 길이를 구하라.

(16) 구간 $\theta = 0, \theta = \pi$ 사이에 있는 곡선 $r = a(1 - \cos\theta)$의 길이를 구하라.

지금 당신은 혼자서 이 매혹적인 미적분 나라의 국경을 여행하였다. 주요한 미적분의 결과들을 손쉽게 찾아 볼 수 있는 참고서로서 이 책을 이용할 수 있기 바라며, 편리한 미적분표(306~307페이지 참조)로 된 미적분의 나라에 들어갈 수 있는 여권을 독자들에게 증정하며 작별을 고한다.

저자 후기

수학 전문가들이 이 책을 보면 형편없는 책이라고 평할 것이며, 그들의 관점에서는 그렇게 혹평하는 것이 당연하다. 왜냐하면 이 책은 서글프도록 통탄할 만한 오류를 범하고 있기 때문이다.

첫째, 이 책은 미적분의 풀이가 실제로 얼마나 쉬운가를 잘 보여주고 있다.

둘째, 이 책은 미적분의 비장의 방법들을 잘 설명해 주고 있으며 미적분을 통하여 "한 바보가 할 수 있는 것은 다른 바보도 할 수 있다"는 것을 독자들에게 실감나게 보여줌으로써 미적분과 같이 대단히 난해한 학문에 통달해 있다고 콧대가 높아져 있는 수학자들로 하여금 그렇게 자만할 이유가 없다는 것을 독자로 하여금 알게 해준다. 전문적인 수학자들은 "미적분이란 매우 난해한 것"이라고 생각해 주기를 바라며, 실례가 되겠지만, 이러한 터무니없는 미신이, 일소되어 버리는 것을 원치 않는다.

셋째, 수학자들은 이 책을 "너무나 쉽다"라고 달갑지 않게 평하는 데는 다음과 같은 이유가 있다.

저자는 미적분의 무미건조한 풀이법의 타당성을 수학적인 증명으로써 엄밀하고 만족할 만큼 완전하게 설명도 못하면서 그러한 방법들을 너무나 쉽고 간단하게 설명하고 있는데, 수학자들이 보기에 이것이 잘못되었다는 것이다.

더구나 그러한 방법들을 미적분 문제를 푸는데 "겁도 없이 사용하고 있다"는 것이다. 그러나 그렇게 설명해서는 안 되는 이유가 무엇인가? 시계를 만들 줄 모르는 사람이라 해서 시계를 못차게 할 수는 없다. 한 바이올리니스트가 있는데 그가 직접 만들지 않은 바이올린을 켠다고 해서 연주를 못하게 반대할 수는 없다. 아이들은 말을 유창히 할 때까지는 말의 구문법을 가르치지 않는다.

이와 마찬가지로 미적분을 배우려는 초보자들에게 엄격한 수학적 논증들이 상세히 설명되기를 바라는 것은 터무니없이 불합리한 것이다.

직업적인 수학자들이 형편없고 결점 많은 이 책에 대하여 혹평할 수 있는 또 다른 점은 이러한 것이다. 이 책은 미적분 중에서 정말로 어려운 것들을 모두 다 빼버렸기 때문인데 이에 대한 비난은 당연하리라고 여기나 어쩔 수 없는 사실이다. 난해한 문제들을 다루면 미적분이 싫어질 수가 있으므로 쉬운 방법으로 미적분의 기초를 배우고자 하는 많은 바보들을 위하여 이 책은 쓰여졌다. 그러므로 이 책의 목적은 초보자들로 하여금 미적분의기초적인 용어들을 배울 수 있게 하며, 흥미를 주는 단순한 방법으로써 미적분에 대한 친근감을 갖도록 하며, 문제 풀이에 있어서 가장 간단하고 흥미 있는 방법들을 파악시키고자 하는 것이다. 그리고 수학자들에 의하여 애용되고 있는 실제성이 없는 복잡하고 괴상한 (대부분의 경우 부당한) 수학적인 훈련을 통한 힘든 고생을 하지 않고서도 미적분을 배울 수 있게 하는데 그 목적이 있다.

젊은 공학도 중에는 많은 사람들이 "한 바보가 할 수 있는 것은 다른 바보도 할 수 있다"는 격언을 잘 알고 있을 것이다. 그들에게 이 책의 저자를 비난하지 않아 줄 것과, 이 책의 저자인 내가 정말로 바보라는 것을 수학자들께 알려주지 않기를 진심으로 바란다.

<미적분표>

$\dfrac{dy}{dx}$ ← —— y —— →		$\int y\,dx$
	일반형	
1	x	$\frac{1}{2}x^2 + C$
0	a	$ax + C$
1	$x \pm a$	$\frac{1}{2}x^2 \pm ax + C$
a	ax	$\frac{1}{2}ax^2 + C$
$2x$	x^2	$\frac{1}{3}x^3 + C$
nx^{n-1}	x^n	$\dfrac{1}{n+1}x^{n+1} + C$
$-x^{-2}$	x^{-1}	$\log_e x + C$
$\dfrac{du}{dx} \pm \dfrac{dv}{dx} \pm \dfrac{dw}{dx}$	$u \pm v \pm w$	$\int u\,dx \pm \int v\,dx \pm \int w\,dx$
$u\dfrac{dv}{dx} + v\dfrac{du}{dx}$	uv	$v = dy$ 로 놓은 후 부분적분한다.
$\dfrac{v\dfrac{du}{dx} - u\dfrac{dv}{dx}}{v^2}$	$\dfrac{u}{v}$	일반형은 없다.
$\dfrac{du}{dx}$	u	$\int u\,dx = ux - \int x\,du + C$
	지수형 및 대수형	
e^x	e^x	$e^x + C$
x^{-1}	$\log_e x$	$x(\log_e x - 1) + C$
$0{\cdot}4343 \times x^{-1}$	$\log_{10} x$	$0{\cdot}4343\, x(\log_e x - 1) + C$
$a^x \log_e a$	a^x	$\dfrac{a^x}{\log_e a} + C$
	삼각함수형	
$\cos x$	$\sin x$	$-\cos x + C$
$-\sin x$	$\cos x$	$\sin x + C$
$\sec^2 x$	$\tan x$	$-\log_e \cos x + C$
	역삼각함수형	
$\dfrac{1}{\sqrt{(1-x^2)}}$	$\text{arc}\sin x$	$x \cdot \text{arc}\sin x + \sqrt{1-x^2} + C$
$-\dfrac{1}{\sqrt{(1-x^2)}}$	$\text{arc}\cos x$	$x \cdot \text{arc}\cos x - \sqrt{1-x^2} + C$
$\dfrac{1}{1+x^2}$	$\text{arc}\tan x$	$x \cdot \text{arc}\tan x - \frac{1}{2}\log_e(1+x^2) + C$

$\dfrac{dy}{dx}\;\longleftarrow$	$\longleftarrow\quad y\quad\longrightarrow$	$\longrightarrow\quad\displaystyle\int y\,dx$
	쌍곡선함수형	
$\cosh x$	$\sinh x$	$\cosh x + C$
$\sinh x$	$\cosh x$	$\sinh x + C$
$\operatorname{sech}^2 x$	$\tanh x$	$\log_e \cosh x + C$
	기타 여러가지형	
$-\dfrac{1}{(x+a)^2}$	$\dfrac{1}{x+a}$	$\log_e (x+a) + C$
$-\dfrac{x}{(a^2+x^2)^{\frac{3}{2}}}$	$\dfrac{1}{\sqrt{a^2+x^2}}$	$\log_e (x+\sqrt{a^2+x^2}) + C$
$\mp\dfrac{b}{(a\pm bx)^2}$	$\dfrac{1}{a\pm bx}$	$\pm\dfrac{1}{b}\log_e (a\pm bx) + C$
$\dfrac{-3a^2x}{(a^2+x^2)^{\frac{5}{2}}}$	$\dfrac{a^2}{(a^2+x^2)^{\frac{3}{2}}}$	$\dfrac{x}{\sqrt{a^2+x^2}} + C$
$a\cdot\cos ax$	$\sin ax$	$-\dfrac{1}{a}\cos ax + C$
$-a\cdot\sin ax$	$\cos ax$	$\dfrac{1}{a}\sin ax + C$
$a\cdot\sec^2 ax$	$\tan ax$	$-\dfrac{1}{a}\log_e \cos ax + C$
$\sin 2x$	$\sin^2 x$	$\dfrac{x}{2}-\dfrac{\sin 2x}{4} + C$
$-\sin 2x$	$\cos^2 x$	$\dfrac{x}{2}+\dfrac{\sin 2x}{4} + C$
$n\cdot\sin^{n-1}x\cdot\cos x$	$\sin^n x$	$-\dfrac{\cos x}{n}\sin^{n-1}x+\dfrac{n-1}{n}\displaystyle\int\sin^{n-2}x\,dx + C$
$-\dfrac{\cos x}{\sin^2 x}$	$\dfrac{1}{\sin x}$	$\log_e \tan\dfrac{x}{2} + C$
$-\dfrac{\sin 2x}{\sin^4 x}$	$\dfrac{1}{\sin^2 x}$	$-\cot an\, x + C$
$\dfrac{\sin^2 x-\cos^2 x}{\sin^2 x\cdot\cos^2 x}$	$\dfrac{1}{\sin x\cdot\cos x}$	$\log_e \tan x + C$
$n\cdot\sin mx\cdot\cos nx +$ $m\cdot\sin nx\cdot\cos mx$	$\sin mx\cdot\sin nx$	$\tfrac{1}{2}\cos(m-n)x-\tfrac{1}{2}\cos(m+n)x + C$
$a\cdot\sin 2ax$	$\sin^2 ax$	$\dfrac{x}{2}-\dfrac{\sin 2ax}{4a} + C$
$-a\cdot\sin 2ax$	$\cos^2 ax$	$\dfrac{x}{2}+\dfrac{\sin 2ax}{4a} + C$

연습문제 해답

연습문제 1(p.30)

(1) $\dfrac{dy}{dx} = 13x^{12}$

(2) $\dfrac{dy}{dx} = -\dfrac{3}{2}x^{-\frac{5}{2}}$

(3) $\dfrac{dy}{dx} = 2ax^{2a-1}$

(4) $\dfrac{du}{dt} = 2.4t^{1.4}$

(5) $\dfrac{dz}{du} = \dfrac{1}{3}u^{-\frac{2}{3}}$

(6) $\dfrac{dy}{dx} = -\dfrac{5}{3}x^{-\frac{8}{3}}$

(7) $\dfrac{du}{dx} = -\dfrac{8}{5}x^{-\frac{1.3}{5}}$

(8) $\dfrac{dy}{dx} = 2ax^{a-1}$

(9) $\dfrac{dy}{dx} = \dfrac{3}{q}x^{\frac{3-q}{q}}$

(10) $\dfrac{dy}{dx} = -\dfrac{m}{n}x^{-\frac{m+n}{n}}$

연습문제 2(p.40)

(1) $\dfrac{dy}{dx} = 3ax^2$

(2) $\dfrac{dy}{dx} = 13 \times \dfrac{3}{2}x^{\frac{1}{2}}$

(3) $\dfrac{dy}{dx} = 6x^{-\frac{1}{2}}$

(4) $\dfrac{dy}{dx} = \dfrac{1}{2}c^{\frac{1}{2}}x^{\frac{1}{2}}$

(5) $\dfrac{du}{dz} = \dfrac{an}{c}z^{n-1}$

(6) $\dfrac{dy}{dt} = 2.36t$

(7) $\dfrac{dl_t}{dt} = 0.000012 \times l_0$

(8) $\dfrac{dc}{dV} = abV^{b-1}, 0.98, 3.00, 7.47$ 촉광/볼트

(9) $\dfrac{dn}{dD} = -\dfrac{1}{LD^2}\sqrt{\dfrac{gT}{\pi\sigma}}, \dfrac{dn}{dL} = -\dfrac{1}{DL^2}\sqrt{\dfrac{gT}{\pi\sigma}}$

$$\frac{dn}{d\sigma}=-\frac{1}{2DL}\sqrt{\frac{gT}{\pi\sigma^3}}, \frac{dn}{dT}=\frac{1}{2DL}\sqrt{\frac{g}{\pi\sigma T}}$$

(10) $\dfrac{t가\ 변할\ 때\ P의\ 변화율}{D가\ 변할\ 때\ P의\ 변화율}=-\dfrac{D}{t}$

(11) $2\pi,\ 2\pi r,\ \pi l,\ \dfrac{2}{3}\pi rh,\ 8\pi r,\ 4\pi r^2$

(12) $\dfrac{dD}{dT}=\dfrac{0.000012lt}{\pi}$

연습문제 3(p.56)

(1) (a) $1+x+\dfrac{x^2}{2}+\dfrac{x^3}{6}+\dfrac{x^4}{24}+\dots$ (b) 2ax+b

(c) 2x+2a   (d) $3x^2+6ax+3a^2$

(2) $\dfrac{dw}{dt}=a-bt$ (3) $\dfrac{dy}{dx}=2x$

(4) $14110x^4-65404x^3-2244x^2+8192x+1379$

(5) $\dfrac{dx}{dy}=2y+8$

(6) $185.9022654x^2+154.36334$

(7) $\dfrac{-5}{(3x+2)^2}$ (8) $\dfrac{6x^4+6x^3+9x^2}{(1+x+2x^2)^2}$

(9) $\dfrac{ad-bc}{(cx+d)^2}$

(10) $\dfrac{anx^{-n-1}+bnx^{n-1}+2nx^{-1}}{(x^{-n}+b)^2}$

(11) b+2ct

(12)　　$R_0(a+2bt), R_0(a+\dfrac{b}{2\sqrt{t}}), -\dfrac{R_0(a+2bt)}{(1+at+bt^2)^2}$　　혹은

$-\dfrac{R^2(a+2bt)}{R_0^2}$

(13)　　$1.4340(0.000014t-0.001024)$,　　-0.00117,　　-0.00107,
-0.00097

(14) (a) $\dfrac{dE}{dl}=b+\dfrac{k}{i}$　　(b) $\dfrac{dE}{di}=-\dfrac{c+kl}{i^2}$

연습문제 4(p.62)

(1) $17+24x$, 24　　　　(2) $\dfrac{x^2+2ax-a}{(x+a)^2}, \dfrac{2a(a+1)}{(x+a)^3}$

(3) $1+x+\dfrac{x^2}{1\times2}+\dfrac{x^3}{1\times2\times3}, 1+x+\dfrac{x^2}{1\times2}$

(4) (연습문제 3, p 54)

(1) (a) $\dfrac{d^2u}{dx^2}=\dfrac{d^2u}{dx^3}=1+x+\dfrac{1}{2}x^2+\dfrac{1}{6}x^3+...$　　　(b) $2a$, o

(c) $2, 0$　　　　　　　　　　(d) $6x+6a, 6$

(2) $-b, 0$　　　　　　　　　　(3) $2, 0$

(4)

$56440x^3-196212x^2-4488x+8192. 169320x^2-392424x-4488$

(5) $2, 0$

(6) $371.80453x$, 371.80453

(7) $\dfrac{30}{(3x+2)^3}$, $-\dfrac{270}{(3x+2)^4}$

(49페이지 예제)

(1) $\dfrac{6a}{b^2}x$, $\dfrac{6a}{b^2}$

(2) $\dfrac{3a\sqrt{b}}{2\sqrt{x}} - \dfrac{6b\sqrt[3]{a}}{x^3}$, $\dfrac{18b\sqrt[3]{a}}{x^4} - \dfrac{3a\sqrt{b}}{4\sqrt{x^2}}$

(3) $\dfrac{2}{\sqrt[3]{\theta^8}} - \dfrac{1.056}{\sqrt[5]{\theta^{11}}}$, $\dfrac{2.3232}{\sqrt[5]{\theta^{16}}} - \dfrac{16}{3\sqrt[3]{\theta^{11}}}$

(4) $810t^4 - 648t^3 + 479.52t^2 - 139.968t + 26.64$

$3240t^3 - 1944t^2 + 959.04t - 139.968$

(5) $12x+2$, 12

(6) $6x^2 - 9x$, $12x - 9$

(7) $\dfrac{3}{4}\left(\dfrac{1}{\sqrt{\theta}} + \dfrac{1}{\sqrt{\theta^5}}\right) + \dfrac{1}{4}\left(\dfrac{15}{\sqrt{\theta^7}} - \dfrac{1}{\sqrt{\theta^3}}\right)$,

$\dfrac{3}{8}\left(\dfrac{1}{\sqrt{\theta^5}} - \dfrac{1}{\sqrt{\theta^3}}\right) - \dfrac{15}{8}\left(\dfrac{7}{\sqrt{\theta^9}} + \dfrac{1}{\sqrt{\theta^7}}\right)$

연습문제 5(p.77)

(1) $\dfrac{dy}{dt} = 2bt + 4ct^3$, $\dfrac{d^2y}{dt^2} = 2b + 12ct^2$

(2) 64ft/sec, 147.2ft/sec, 0.32ft/sec

(3) $\dot{x} = a - gt$, $\ddot{x} = -g$

(4) 45.1ft/sec, 105.2ft

(5) 12.4ft/sec^2 일정하다.

(6) 각속도=11.2 rad/sec, 각가속도=9.6 rad/sec^2

(7) $v = 20.4t^2 - 10.8$, $a = 40.8t$

172.8 ince/sec, 122.4 inch/sec^2

(8) $v = \dfrac{1}{30 \sqrt[3]{(t-125)^2}}$, $a = -\dfrac{1}{45 \sqrt[3]{(t-125)^5}}$

(9) $v = 0.8 - \dfrac{8t}{(4+t^2)^2}$, $a = \dfrac{24t^2 - 32}{(4+t^2)^3}$

0.7926 m/sec, 0.00211 m/sec^2

(10) n=2, n=11

연습문제 6(p.86)

(1) $\dfrac{x}{\sqrt{x^2+1}}$

(2) $\dfrac{x}{\sqrt{x^2+a^2}}$

(3) $-\dfrac{1}{2\sqrt{(a+x)^3}}$

(4) $\dfrac{ax}{\sqrt{(a-x^2)^3}}$

(5) $\dfrac{2a^2 - x^2}{x^3 \sqrt{x^2 - a^2}}$

(6) $\dfrac{\dfrac{3}{2}x^2 \left[\dfrac{8}{9}x(x^3+a) - (x^4+a)\right]}{(x^4+a)^{\frac{2}{3}}(x^3+a)^{\frac{3}{2}}}$

(7) $\dfrac{2a(x-a)}{(x+a)^3}$

(8) $\dfrac{5}{2}y^3$

(9) $\dfrac{1}{(1-\theta)\sqrt{1-\theta^2}}$

연습문제 7(p.88)

(1) $\dfrac{dw}{dx} = -\dfrac{3x^2(3+3x^3)}{27(\frac{1}{2}x^3+\frac{1}{4}x^6)^3}$

(2) $\dfrac{dv}{dx} = -\dfrac{12x}{\sqrt{1+\sqrt{2}+3x^2}\,(\sqrt{3}+4\sqrt{1+\sqrt{2}+3x^2}\,)^2}$

(3) $\dfrac{du}{dx} = -\dfrac{x^2(\sqrt{3}+x^3)}{\sqrt{\left[1+(1+\dfrac{x^3}{\sqrt{3}})^2\right]^3}}$

(5) $\dfrac{dx}{d\theta} = a(1-\cos\theta) = 2a\sin^2\dfrac{1}{2}\theta$

$\dfrac{dy}{d\theta} = a\sin\theta = 2a\sin\dfrac{1}{2}\theta\cos\dfrac{1}{2}\theta,\ \dfrac{dy}{dx} = \cot\dfrac{1}{2}\theta$

(6) $\dfrac{dx}{d\theta} = -3a\cos^2\theta\sin\theta,\ \dfrac{dy}{d\theta} = 3a\sin^2\theta\cos\theta,\ \dfrac{dy}{dx} = -\tan\theta$

(7) $\dfrac{dy}{dx} = 2x\cot(x^2-a^2)$

(8) $x = u - y$로 놓아 $\dfrac{dy}{du}, \dfrac{du}{dx}$를 구하여 $\dfrac{dy}{dx}$를 구한다.

연습문제 8(p.102)

(2) 1.44

(4) $\dfrac{dy}{dx} = 3x^2+3, x$값에 대하여 각각 $3, 3\dfrac{3}{4}, 6, 15$

(5) $\pm\sqrt{2}$

(6) $\dfrac{dy}{dx} = -\dfrac{4}{9}\dfrac{x}{y}, x=0$일 때 기울기는 $0,\ x=1$일 때 기울기는

$\pm\dfrac{1}{3\sqrt{2}}$

(7) m=4, n=−3

(8) (1, 5.5), (−3, 33.5), 교각은 각각 153° 26', 2° 28'

(9) (3.57, 3.57), 교각은 16° 16'

(10) $\left(\dfrac{1}{3}, 2\dfrac{1}{3}\right), b = -\dfrac{5}{3}$

연습문제 9(p.121)

(1) 극소: $x = 0, y = 0$, 극대: $x = -2, y = -4$

(2) $x = a$

(4) $25\sqrt{3}\,cm^2$

(5) $\dfrac{dy}{dx} = -\dfrac{10}{x^2} + \dfrac{10}{(8-x)^2}, x = 4, y = 5$

(6) 극대: $x = -1$, 극소: $x = 1$

(7) 주어진 정사각형의 각 변의 중간 지점을 연결하여 내접하는 사각형을 만든다.

(8) $r = \dfrac{2}{3}R, r = \dfrac{R}{2}$, 극대값은 없다.

(9) $r = R\sqrt{\dfrac{2}{3}}, r = \dfrac{R}{\sqrt{2}}, r = 0.8506\,R$

(10) 초당 $\dfrac{8}{r}ft^2$

(11) $r = \dfrac{R\sqrt{8}}{3}$

(12) $n = \sqrt{\dfrac{NR}{r}}$

연습문제 10(p.130)

314

(1) 극대: $x=-2.19, y=24.19$, 극소: $x=1.52, y=-1.38$

(2) $\dfrac{dy}{dx}=\dfrac{b}{a}-2cx$, $\dfrac{d^2y}{dx^2}=-2c$, $x=\dfrac{b}{2ac}$, 극대

(3) (a) 1개의 극대와 2개의 극소

　(b) 한 개의 극대($x=0$일 때이며 x의 다른 값에서는 실제상 의미가 없다)

(4) 극소: $x=1.71$, $y=6.14$

(5) 극대: $x=-0.5, y=4$

(6) 극대: $x=1.414, y=1.7675$, 극소: $x=-1.414, y=-1.7675$

(7) 극대: $x=-3.565, y=2.12$, 극소: $x=+3.565, y=7.88$

(8) $0.4\ N$, $0.6\ N$

(9) $x=\sqrt{\dfrac{a}{c}}$

(10) 시속 8.66해리, 걸리는 시간은 115.47시간, 최소 경비 2,252만원

(11) $x=7.5$일 때 극대와 극소는 $y=\pm5.414$(9장의 예제(10)번의 풀이를 참조하라)

(12) 극소: $x=\dfrac{1}{2}, y=0.25$, 극대: $x=-\dfrac{1}{3}, y=1.408$

연습문제 11(p.142)

(1) $\dfrac{2}{x-3}+\dfrac{1}{x+4}$

(2) $\dfrac{1}{x-1}+\dfrac{2}{x-2}$

(3) $\dfrac{2}{x-3}+\dfrac{1}{x+4}$

(4) $\dfrac{5}{x-4}-\dfrac{4}{x-3}$

(5) $\dfrac{19}{13(2x+3)}-\dfrac{22}{13(3x-2)}$

(6) $\dfrac{2}{x-2}+\dfrac{4}{x-3}-\dfrac{5}{x-4}$

(7) $\dfrac{1}{6(x-1)}+\dfrac{11}{15(x+2)}+\dfrac{1}{10(x-3)}$

(8) $\dfrac{7}{9(3x+1)}+\dfrac{71}{63(3x-2)}-\dfrac{5}{7(2x+1)}$

(9) $-\dfrac{1}{3(x-1)}+\dfrac{2x+1}{3(x^2+x+1)}$

(10) $x+\dfrac{2}{3(x+1)}+\dfrac{1-2x}{3(x^2-x+1)}$

(11) $\dfrac{3}{x+1}+\dfrac{2x+1}{x^2+x+1}$

(12) $\dfrac{1}{x-1}-\dfrac{1}{x-2}+\dfrac{2}{(x-2)^2}$

(13) $\dfrac{1}{4(x-1)}-\dfrac{1}{4(x+1)}+\dfrac{1}{2(x+1)^2}$

(14) $\dfrac{4}{9(x-1)}-\dfrac{4}{9(x+2)}-\dfrac{1}{3(x+2)^2}$

(15) $\dfrac{1}{x+2}-\dfrac{x-1}{x^2+x+1}-\dfrac{1}{(x^2+x+1)^2}$

(16) $\dfrac{5}{x+4}-\dfrac{32}{(x+4)^2}+\dfrac{36}{(x+4)^3}$

(17) $\dfrac{7}{9(3x-2)^2}+\dfrac{55}{9(3x-2)^3}+\dfrac{73}{9(3x-2)^4}$

(18) $\dfrac{1}{6(x-2)}+\dfrac{1}{3(x-2)^2}+\dfrac{x}{6(x^2+2x+4)}$

연습문제 12(p.166)

316

(1) $ab(e^{ax}+e^{-ax})$

(2) $2at+\dfrac{2}{t}$

(3) $\log_e n$

(4) a^{bx}

(5) npv^{n-1}

(6) $\dfrac{n}{x}$

(7) $\dfrac{3e^{\frac{x}{x-1}}}{(x-1)^2}$

(8) $6xe^{-5x}-5(3x^2+1)e^{-5x}$

(9) $\dfrac{ax^{a-1}}{x^a+a}$

(10) $\dfrac{15x^2+12x\sqrt{x}-1}{2\sqrt{x}}$

(11) $\dfrac{1-\log_e(x+3)}{(x+3)^2}$

(12) $a^x(ax^{a-1}+x^a\log_e a)$

(14) 극소, $x=0.694$일 때 $y=0.7$

(15) $\dfrac{1+x}{x}$

(16) $\dfrac{3}{x}(\log_e ax)^2$

연습문제 13(p.175)

(1) $\dfrac{t}{T}=x$라고 하면 $t=8x$ 그리고 171페이지에 있는 표에서 값을 찾아 그리면 된다.

(2) $T=34.627$, 159.46분

(3) $2t=x$로 하여 171페이지의 표에서 값을 찾아 그리면 된다.

(5) (a) $x^x(1+\log_e x)$,　　(b) $2x(e^x)^x$

　　(c) $e^{x^x}\times x^x(1+\log_e x)$

(6) 0.1386초

(7) (a) 1.642　　　　　(b)15.58

(8) $u=0.00037, 31.223$분

(9) i는 i_0의 63.38%, 221.555km

(10) 대수표에 의하면 정확하게 k의 값은 각각 0.1339, 0.1445, 0.1553이며 평균값은 0.1446이다. 그러므로 상대오차는 각각 −10.2%, 거의 0%, +71.9%가 된다.

(11) $x = \dfrac{1}{e}$일 때 극소

(12) $x = e$일 때 극대

(13) $x = \log_e a$일 때 극소

(14) 약 30년(서기 2010년)

연습문제 14(p.187)

(1) (i) $\dfrac{dy}{d\theta} = A\cos\left(\theta - \dfrac{\pi}{2}\right)$

(ii) $\dfrac{dy}{d\theta} = 2\sin\theta\cos\theta = \sin 2\theta,\ \dfrac{dy}{d\theta} = 2\cos 2\theta$

(iii) $\dfrac{dy}{d\theta} = 3\sin^2\theta\cos\theta,\ \dfrac{dy}{d\theta} = 3\cos 3\theta$

(2) $\theta = 45°$ 혹은 $\dfrac{\pi}{4} rad$　　　　(3) $\dfrac{dy}{dt} = -n\sin 2\pi nt$

(4) $a^x \log_e a \cos a^x$　　　　　　　　(5) $\dfrac{-\sin x}{\cos x} = -\tan x$

(6) $18.2\cos(x + 26°)$

(7) 기울기 $\dfrac{dy}{d\theta} = 100\cos(\theta - 15°)$, $(\theta - 15°) = 0$ 혹은 $\theta = 15°$일 때 극대, 그러므로 기울기의 값은 100, $\theta = 75°$일 때 기울기는

$100\cos(75° - 15°) = 100\cos 60° = 100 \times \dfrac{1}{2} = 50$

(8) $\cos\theta\sin 2\theta + 2\cos 2\theta\sin\theta = 2\sin\theta(\cos^2\theta + \cos 2\theta)$

$$= 2\sin\theta\,(3\cos^2\theta - 1)$$

(9) $amn\theta^{n-1}\tan^{m-1}(\theta^n)\sec^2\theta^n$

(10) $e^x(\sin^2 x + \sin 2x),\ e^x(\sin^2 x + 2\sin 2x + 2\cos 2x)$

(11) (i) $\dfrac{dy}{dx} = \dfrac{ab}{(x+b)^2}$ (ii) $\dfrac{a}{b}e^{-\frac{x}{b}}$

   (iii) $\dfrac{1}{90°} \times \dfrac{ab}{(b^2+x^2)}$

(12) $(i)\ \dfrac{dy}{dx} = \sec x \tan x$ $(ii)\ \dfrac{dy}{dx} = -\dfrac{1}{\sqrt{1-x^2}}$

   $(iii)\ \dfrac{dy}{dx} = \dfrac{1}{1+x^2}$ $(iv)\ \dfrac{dy}{dx} = \dfrac{1}{x\sqrt{x^2-1}}$

   $(v)\ \dfrac{dy}{dx} = \dfrac{\sqrt{3\sec x}\,(3\sec^2 x - 1)}{2}$

(13) $\dfrac{dy}{d\theta} = 4.6(2\theta+3)^{1.3}\cos(2\theta+3)^{2.3}$

(14) $\dfrac{dy}{d\theta} = 3\theta^2 + 3\cos(\theta+3) - \log_e 3(\cos\theta \times 3\sin^\theta + 3^\theta)$

(15) $\theta = \cot\theta,\ \theta = \pm 0.86,\ y = \pm 0.56$은 $+\theta$일 때 극대, $-\theta$일 때 극소

연습문제 15(p.196)

(1) $x^2 - 6x^2 y - 2y^2,\ \dfrac{1}{3} - 2x^3 - 4xy$

(2) $2xyz + y^2 z + z^2 y + 2xy^2 z^2$
   $2xyz + x^2 z + xz^2 + 2x^2 yz^2$
   $2xyz + x^2 y + xy^2 + 2x^2 y^2 z$

(3) $\dfrac{1}{r}\{(x-a)+(y-b)+(z-c)\}=\dfrac{(x+y+z)-(a+b+c)}{r},\dfrac{2}{r}$

(4) $dy=vu^{v-1}du+u^v\log_e u\,dv$

(5) $dy=3\sin vu^2du+u^3\cos v\,dv$

$dy=u(\sin x)^{u-1}\cos x\,dx+(\sin x)^u\log_e\sin x\,du$

$dy=\dfrac{1}{v}\dfrac{1}{u}du-\log_e u\dfrac{1}{v^2}dv$

(7) $x=y=-\dfrac{1}{2}$에서 극소

(8) (a) 길이 2피트, 넓이 = 높이(깊이) = 1피트, 부피 2세제곱피트

(b) 반경 $\dfrac{2}{\pi}$피트 = 7.64인치, 길이 2피트, 부피 2.54 세제곱피트

(9) 3등분은 모두 크기가 같다. 합은 극대가 된다.

(10) $x=y=1$에서 극소는 e^2

(11) $x=\dfrac{1}{2},\,y=2$에서 극소는 2.307

연습문제 16(p.205)

(1) $1\dfrac{1}{3}$

(2) 0.6344

(3) 0.2624

(4) (a) $y=\dfrac{1}{8}x^2+C$ (b) $y=\sin x+C$

(5) $y=x^2+3x+C$

연습문제 17(p.219)

320

(1) $\dfrac{4\sqrt{a}\,x^{\frac{3}{2}}}{3}+C$ (2) $-\dfrac{1}{x^3}+C$

(3) $\dfrac{x^4}{4a}+C$ (4) $\dfrac{1}{3}x^3+ax+C$

(5) $-2x^{-\frac{5}{2}}+C$ (6) $x^4+x^3+x^2+x+C$

(7) $\dfrac{ax^2}{4}+\dfrac{bx^3}{9}+\dfrac{cx^4}{16}+C$

(8) $\dfrac{x^2+a}{x+a}=x-a+\dfrac{a^2+a}{x+a}$가 되므로

답은 $\dfrac{1}{2}x^2-ax+a(a+1)\log_e(x+a)+C$

(페이지 212–214참조)

(9) $\dfrac{x^4}{4}+3x^3+\dfrac{27}{2}x^2+27x+C$

(10) $\dfrac{x^3}{3}+\dfrac{2-a}{2}x^2-2ax+C$

(11) $a^2\left(2x^{\frac{3}{2}}+\dfrac{9}{4}x^{\frac{4}{3}}\right)+C$

(12) $-\dfrac{1}{3}\cos\theta-\dfrac{1}{6}\theta+C$ (13) $\dfrac{1}{2}\theta+\dfrac{\sin 2a\theta}{4a}+C$

(14) $\dfrac{1}{2}\theta-\dfrac{1}{4}\sin 2\theta+C$ (15) $\dfrac{1}{2}\theta-\dfrac{\sin 2a\theta}{4a}+C$

(16) $\dfrac{1}{3}e^{3x}+C$ (17) $\log_e(1+x)+C$

(18) $-\log_e(1-x)+C$

연습문제 18(P.239)

(1) 면적 =60, y의 평균 = 10

(2) 면적 = $\dfrac{4}{3}a^{\frac{5}{2}}$ (3) 면적 = 2, y의 평균=$\dfrac{2}{\pi}$=0.637

(4) 면적=1.57, y의 평균=0.5

(5) 0.572, 0.0476

(6) $\dfrac{1}{3}\pi r^2 h$

(7) 1.25

(8) 79.6

(9) 부피 = 4.935

(10) $a\log_e a,\ \dfrac{a}{a-1}\log_e a$

(12) 산술평균=9.5, 이차평균=10.85

(13) 이차평균=$\dfrac{1}{\sqrt{2}}\sqrt{A_1^2+A_3^2}$, 산술평균=0

(14) 62.6, 10.45   (16) 436.3

연습문제 19(P.250)

(1) $\dfrac{x\sqrt{a^2-x^2}}{2}+\dfrac{a^2}{2}\arcsin\dfrac{x}{a}+C$

(2) $\dfrac{x^2}{2}(\log_e x-\dfrac{1}{2})+C$ (3) $\dfrac{x^{a+1}}{a+1}(\log_e x-\dfrac{1}{a+1})+C$

(4) $\sin e^x + C$ (5) $\sin(\log_e x)+C$

(6) $e^x(x^2-2x+2)+C$ (7) $\dfrac{1}{a+1}(\log_e x)^{a+1}+C$

(8) $\log_e(\log_e x)+C$ (9) $2\log_e(x-1)+3\log_e(x+2)+C$

(10) $\dfrac{1}{2}log_e(x-1)+\dfrac{1}{5}log_e(x-2)+\dfrac{3}{10}log_e(x+3)+C$

(11) $\dfrac{b}{2a}log_e\dfrac{x-a}{x+a}+C$ (12) $log_e\dfrac{x^2-1}{x^2+1}+C$

(13) $\dfrac{1}{4}log_e\dfrac{1+x}{1-x}+\dfrac{1}{2}arc\tan x+C$

(14) $-\dfrac{\sqrt{a^2-b^2x^2}}{b^2}+C$

연습문제 20(p.268)

(1) $T=T_0e^{\mu\theta}$　　　　　(2) $s=ut+\dfrac{1}{2}at^2$

(3) e^{2t}를 곱하면 $\dfrac{d}{dt}(ie^{2t})=e^{2t}\sin 3t$

$ie^{2t}=\displaystyle\int e^{2t}\sin 3t\,dt$

$=\dfrac{1}{13}e^{2t}(2\sin 3t-3\cos 3t)+E$

$i=0$이기 때문에 $t=0$일 때 $E=\dfrac{3}{13}$

그러므로 해는

$i=\dfrac{1}{13}(2\sin 3t-3\cos 3t+3e^{-2t})$

연습문제 21(p.285)

(1) $r=2\sqrt{2}$, $x_1=-2$, $y_1=3$

(2) $r=2.83$, $x_1=0$, $y_1=2$　　　(3) $x=\pm0.383$, $y=0.147$

(4) $r = \sqrt{2m}, x_1 = y_1 = 2\sqrt{m}$

(5) $r = 2a, x_1 = 2a + 3x, y_1 = -\dfrac{2x^{\frac{3}{2}}}{a^{\frac{1}{2}}}, x = 0$일 때 $x_1 = 2a, y_1 = 0$

(6) $x = 0$일 때 $r = y_1 = \infty, x_1 = 0$

  $x = +0.9$일 때 $r = 3.36, x_1 = -2.21, y_1 = +2.01$

  $x = -0.9$일 때 $r = 3.36, x_1 = +2.21, y = -2.01$

(7) $x = 0$일 때 $r = 1.41, x_1 = 1, y_1 = 3$

  $x = 1$일 때 $r = 1.41, x_1 = 0, y_1 = 3$

  극소$=1.75$

(8) $x = -2$에서 $r = 112.3, x_1 = 109.8, y_1 = -17.2$

  $x = 0$에서 $r = x_1 = y_1 = \infty$

  $x = 1$에서 $r = 1.86, x_1 = -0.67, y_1 = 0.17$

(9) $x = -0.33, y = +1.07$

(10) $r = 1, x = 2$, 모든 점에서 $y = 0$원

(11) $x = 0$일 때 $r = 1.86, x_1 = 1.67, y_1 = 0.17$

  $x = 1.5$일 때 $r = 0.365, x_1 = 1.59, y_1 = 0.98$

  $x = 1, y = 1$일 때 곡률은 0

(12) $\theta = \dfrac{\pi}{2}$일 때 $r = 1, x_1 = \dfrac{\pi}{2}, y_1 = 0$

  $\theta = \dfrac{\pi}{4}$일 때 $r = 2.598, x_1 = 2.285, y_1 = -1.414$

(14) $\theta = 0$일 때 $r = 1, x_1 = 0, y_1 = 0$

  $\theta = \dfrac{\pi}{4}, r = 2.598, x_1 = -0.715, y_1 = -1.414$

$$\theta = \frac{\pi}{2}, r = x_1 = y_1 = \infty$$

(15) $r = \dfrac{\left(a^4y^2 + b^4x^2\right)^{\frac{3}{2}}}{a^4 \cdot b^4}, x = 0$일 때 $y = \pm b, r = \dfrac{a^2}{b}, x_1 = 0,$

$y_1 = \pm \dfrac{b^2 - a^2}{b}, y = 0$일 때, $x = \pm a, r = \dfrac{b^2}{a}, x_1 = \pm \dfrac{a^2 - b^2}{a},$

$y_1 = 0$

(16) $r = 4a\sin\dfrac{1}{2}\theta$

연습문제 22(p.302)

(1) $s = 9.487$ (2) $s = (1 + a^2)^{\frac{3}{2}}$

(3) $s = 1.22$

(4)

$$s = \int_0^2 \sqrt{1 + 4x^2}\, dx = \left[\frac{x}{2}\sqrt{1 + 4x^2} + \frac{1}{4}\log_e\left(2x + \sqrt{1 + 4x^2}\right)\right]_0^2 = 4.6$$

(5) $s = \dfrac{0.57}{m}$ (6) $s = a(\theta_2 - \theta_1)$

(7) $s = \sqrt{r^2 - a^2}$

(8) $s = \displaystyle\int_0^a \sqrt{1 + \frac{a}{x}}\, dx, s = a\sqrt{2} + a\log_e(1 + \sqrt{2}) = 2.30a$

(9) $\quad s = \dfrac{x-1}{2}\sqrt{(x-1)^2 + 1} + 1 + \dfrac{1}{2}\log_e\left\{(x-1) + \sqrt{(x-1)^2 + 1}\right\},$

$s = 6.80$

(10) $s = \displaystyle\int_1^e \dfrac{\sqrt{1 + y^2}}{y}\, dy, u^2 = 1 + y^2$으로 놓으면

$$s = \sqrt{1+y^2} + \log_e \frac{y}{1+\sqrt{1+y^2}}, \, s = 2.00$$

(11) $s = 4a \int_0^\pi \sin \frac{\theta}{2} d\theta, \, s = 8a$

(12) $s = \int_0^{\frac{1}{4}\pi} \sec x \, dx, \, u = \sin x$로 놓으면

$$s = \log_e (1 + \sqrt{2}) = 0.8812$$

(13) $s = \frac{8a}{27} \left\{ (1 + \frac{9x}{4a})^{\frac{3}{2}} - 1 \right\}$

(14) $s = \int_1^2 \sqrt{1+18x} \, dx, \, 1+18x = z$로 하고 s를 z로 표시하여

$x = 1, x = 2$에 대한 z의 값에서 적분하면 $s = 5.27$

(15) $s = \frac{3a}{2}$

(16) $4a$

역자 후기

이 책은 영국의 물리학자 Silvanus P. Thomson이 지은 『Calculus Made Easy』 제3판(1946), 1965년도 발행 MacMillan and Co, Ltd., London, Papermac #132, 250pp.을 번역한 것이다.

1910년에 초판이 간행된 이래 1914년과 1946년 두 차례에 걸쳐 개정되었는데 제3판은 1946년에 F. G. W. Brown에 의하여 증보 개정된 것이다.

원저 『Calculus Made Easy』는 다음과 같은 긴 부제목을 갖고 있다.

「Being a very simplest introduction to those beautiful methods of reckoning which are generally called by the terrifying names of the Differential Calculus and the Integral Calculus」

이 부제목에서 내용이 말해주듯이 이 책은 공포감을 주는 미적분을 이해하는 멋진 방법들을 아주 간단하고 알기 쉽게 배울 수 있는 미적분의 입문서이다. 난해한 미적분의 개념 및 응용을 쉽게 풀이하고 있으며 미적분의 기초에서부터 간단한 미분방정식들까지 다루고 있다.

이 책은 저자가 특히 강조하고 있는 옛날 태국 속담 중에 하나인 "한 바보가 할 수 있는 것은 다른 바보도 할 수 있다."라는 말처럼 미적분은 어느 누구라도 할 수 있다는 의도에서 미적분의 기초가 쉽고 흥미롭게 쓰여 있다. 그러므로 중학교 정도의 수학을 배운 사람이면 누구나 어려움 없이 이 책을 이해할 수 있다. 더구나 정규적으로 미적분을 배우지 못한 사람들이나 오래전에 미적분을 배웠으나 이제는 거의 다 잊어버리고 다시 공부하려는 사람들에게는 아주 적합한 자습서가 되리라 믿는다.

전문적인 수학도가 아닌 사람이 이런 책을 번역한다는 것은 어쩌면 "바보의 짓"인지도 모른다. 수학적 개념의 전달 등에 미숙한 점이 많을 것으로 믿으며, 잘못된 점을 정정할 수 있는 독자들의 편달을 바란다. 미적분을 배우며 동시에 이 책의 번역을 감히 손 댄 역자에게 여러 모로 자상한 지도와 조언을 해주신 송준호, 최점수 선생님께 진심으로 감사를 드린다.

찾아보기

ㄱ

가분수   improper fraction   133
가속도   acceleration   66
각가속도   angular acceleration   74
감속   deceleration   67
곡률   curvature   269
곡률반경   radius of circle   272
곡률원   circle of curvature   272
곡률원 중심   center of curvature   264
곱셈의 미분   44
구간   interval   218
극   pole   233
극대   maximum   94
극대값   maximum value   94
극 방정식   polar equation   233
극소   minimum   93
극소값   minimum value   93
극좌표   polar coordinate   233
기울기   slope   90

ㄴ

나눗셈의 미분   48
내피어대수   Napier log   158

ㄷ

단리   simple interest   146
단조감소 곡선   die-away curve   168
덧셈의 미분   43
덧셈과 뺄셈의 적분   210
대수 곡선   logarithmic curve   167
대수적 증가율   logarithmic growth rate   151

도함수   derivative function   59
독립변수   independent variable   19
동경벡터   radius vector   233

ㅁ

면적소   element of area   217
모듈러스   modulus   160
미분   differentiation   21
　곱셈   44
　나눗셈   46
　덧셈   42
　뺄셈   43
　삼각함수   177
　쌍곡선함수   186
　역삼각함수   183
　역함수   142
　미분계수   differential   20
　미분기호   d   7
　미분 방정식   differential equation   208
　미분치들을 읽는 법   21

ㅂ

반감기   half life   174
배증기   doubling time   176
변곡점   point of inflection   125
변수   variable   15
변수분리   separation of variable   252
복리   compound interest   146
부분분수식   partial fraction   132
부분 적분법   partial integration   241
뺄셈의 미분   43

ㅅ

삼각함수의 미분   differentiation of trigometric function   177

삼중 적분   triple integral   216

상수   constant   15

상수의 처리(미분)   31

상수의 처리(적분)   211

상용대수   Briggs log   157

상한   upper limit   222

상합   uppper sum   223

쌍곡선 함수   hyperbolic function   186

생물체의 성장률   organic growth rate   151

시간상수   time constant   170

실효치   valuer efficace   236

　　　ㅇ

아래로 오목   concave downward   94

양 함수   explicit function   19

역삼각 함수   inverse trigometric function   183

역함수   inverse function   142

역함수의 미분   differentiation of inverse function   142

연속 미분   successive differentiation   58

엡실론   epsilon, e   151

운동량   momentum   67

유리분수화   rationalization   246

유율   fluxion   69

율   rate   63

완전미분 방정식   exact differential equation   260

원시함수   210

위로 오목   concave upward   93

음 함수   implicit function   19

이중적분   doble integral   216

이차평균   quadriatic mean   236

이항정리   Binomial theorem   28

이계 도함수   second derivative   59

ㅈ

자연대수   natural logarithm   156
자연 대수표(내피어 대수표)   158
적분   integration   197
  덧셈과 뺄셈   210
적분기호($\int$)   7
적분상수   integral constant   206
적분상수(미분 방정식의 경우)   integral constant   252
전 미분   integrating factor   190
접선   tangent line   90
점화식   reduction formula   246
정적분   finite integral   222
제곱 평균의 제곱근   R. M. S.   236
조건부 방정식   equation of condition   108
증분   incrment   146
종속변수   dependent variable   19
지수급수   exponential series   154
진분수   proper fraction   133

ㅊ

첨곡선   cusp   99
체적소   element of volume   234
초기 조건   initial condition   253
최대 접촉원   osculation circle   272
최초값   initial value   253
치환 적분법   245

ㅍ

파형율   form factor   237
편각   polar angle   233
편도함수   partial derivative   190
편미분 계수   190
평균값   mean value   231

ㅎ

하한   lower limit   222

하합   lover sum   223

합   summation   197

함수   function   19

허수   imaginary number   118

알기 쉬운 미적분

지은이 실바누스 P. 톰슨
옮긴이 홍성윤

초판 1983년 5월 10일
15쇄 2021년 7월 1일

펴낸이 손영일
펴낸곳 전파과학사
주소 서울시 서대문구 증가로18, 204호
등록 1956. 7. 23 제 10-89호
전화 02-333-8877(8855)
팩스 02-334-8092
공식 블로그 http://blog.naver.com/siencia
이메일 chonpa2@hanmail.net

ISBN 978-89-7044-532-8 (03410)
값 18,000원